"十二五"职业教育国家规划教材

U0690484

数控车工考级
项目训练教程

SHUKONG CHEGONG KAOJI
XIANGMU XUNLIAN JIAOCHENG

（第二版）

主　编　查维康

新形态
教材

中国教育出版传媒集团

高等教育出版社·北京

内容提要

本书是在"十二五"职业教育国家规划教材的基础上,根据教学需求变化,并参照最新颁发的相关国家标准和职业技能等级考核标准修订而成的。

本书采用项目教学的方式组织编写内容,由浅入深地安排了20个项目。项目一~项目十引导学生逐步学会数控车床的基本操作,并能完成常见的加工工作;项目十一~项目十五采用国家职业技能鉴定数控车工中级工题库中的项目进行教学训练,具有很强的针对性;项目十六~项目二十采用国家职业技能鉴定数控车工高级工题库中的项目进行教学训练,为学生进一步参加高级工鉴定打下基础。

本书可作为职业院校工程技术类相关专业的教学用书,也可作为数控车工的培训教材及参考用书。

图书在版编目(CIP)数据

数控车工考级项目训练教程/查维康主编.—2 版
.—北京:高等教育出版社,2025.1 (2025.7重印)
　ISBN 978 - 7 - 04 - 053205 - 0

　Ⅰ.①数…　Ⅱ.①查…　Ⅲ.①数控机床-车床-车削
-高等职业教育-教材　Ⅳ.①TG519.1

　中国版本图书馆 CIP 数据核字(2019)第 277120 号

策划编辑　班天允　**责任编辑**　程福平　班天允　**封面设计**　张文豪　**责任印制**　高忠富

出版发行	高等教育出版社	网　　址	http://www.hep.edu.cn
社　　址	北京市西城区德外大街 4 号		http://www.hep.com.cn
邮政编码	100120	网上订购	http://www.hepmall.com.cn
印　　刷	上海叶大印务发展有限公司		http://www.hepmall.com
开　　本	787 mm×1092 mm　1/16		http://www.hepmall.cn
印　　张	10.75	版　　次	2015 年 5 月第 1 版
字　　数	253 千字		2025 年 1 月第 2 版
购书热线	010 - 58581118	印　　次	2025 年 7 月第 2 次印刷
咨询电话	400 - 810 - 0598	定　　价	28.00 元

本书如有缺页、倒页、脱页等质量问题,请到所购图书销售部门联系调换

前　　言

　　本书是在"十二五"职业教育国家规划教材的基础上,根据教学需求变化,并参照最新颁发的相关国家标准和职业技能等级考核标准修订而成的。

　　本书贯彻职业教育"以就业为导向,以能力为本位"的课程改革精神,学习和借鉴了国内外职业教育的成功经验,以项目教学、任务驱动为编写形式。本书体现了"做中学、做中教"的课改精神,编者通过对企业用工需求的调研,根据人力资源和社会保障部职业技能鉴定中对数控车工技能的要求,编写了本书。本书适用于中、高职相关专业在校生的数控车工中、高级工职业技能鉴定或训练的教学。

　　本书以学生为本位,由浅入深地安排了 20 个训练项目。前 10 个项目从认识与熟悉数控车床开始,引导学生在动手实践中逐步学会数控车床的基本操作,并能完成数控车床常见的加工工作。项目十一到项目十五采用国家职业技能鉴定数控车工四级工(中级工)题库中的具体项目进行训练教学,具有很强的针对性。项目十六到项目二十则采用国家职业技能鉴定数控车工三级工(高级工)题库中的具体项目进行训练教学,主要为学生在校期间取得中级工证书后进一步参加高级工鉴定服务。

　　书中各项目后的思考与练习选用了与项目内容相同类型的题目,为完成项目后学有余力的学生提供一个巩固、提高和发展的平台。教师可根据实际教学情况进行讲解或安排学生实践操作。

　　在时间安排上,基本操作训练建议安排 2 周实训时间,从新手到中级工鉴定建议安排实训 6 周,从中级工到高级工鉴定建议安排实训 4~6 周,具体见下表:

阶　　段	项目内容	实训周建议	
基本操作训练	项目一至项目十	2 周	6 周
中级工训练	项目十一至项目十五		
高级工训练	项目十六至项目二十	4~6 周	

　　本书在推广使用的过程中,非常希望得到各使用学校及教师的反馈意见,以便不断改进与完善。由于编者水平有限,书中错漏之处在所难免,敬请读者批评指正。

编　　者

目　　录

项目一　操作数控车床

项目简介

本项目介绍 FANUC 0i 系统数控车床的系统操作面板、机床操作面板和数控车床的基本操作方法及操作步骤。

相关知识

（一）系统操作面板

数控车床系统操作面板是操作者用来输入各项命令、参数和程序的输入设备，如图 1-1 所示。

图 1-1　系统操作面板

操作面板上的按键都有各自的功能，下面按区域和功能依次介绍。

1. 数字/字母键

数字/字母键如图 1-2 所示。

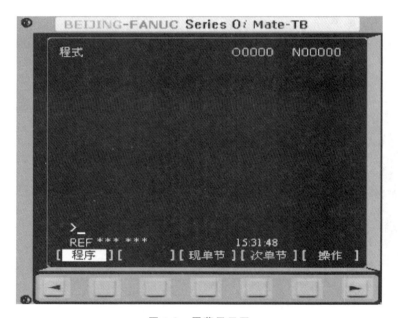

图 1-2　数字/字母键

数字/字母键用于输入数据。字母和数字可通过 SHIFT 键切换输入,如:O—P、7—A。输入的结果在屏幕显示区中显示(图 1-3)。

图 1-3　屏幕显示区

2. 编辑键

ALTER 替换键:用输入的数据替换光标对应处的数据。

DELTE 删除键:删除光标对应处的数据,删除一个程序或全部程序。

INSERT 插入键:把输入区中的数据插入到当前光标之后的位置。

CAN 取消键:消除输入区中的数据。

EOB E 回车换行键:结束一行程序的输入并且换行。

SHIFT 上挡键。

3. 页面切换键

PROG 程序显示与编辑页面。

POS 位置显示页面。位置显示有三种方式,可用 PAGE 键选择。

OFSET SET 参数输入页面。按第一次进入坐标系设置页面,按第二次进入刀具补偿参数页面。进入不同的页面以后,可用 PAGE 键切换。

SYSTM 系统参数页面。

MESGE 信息页面,如"报警"。

CUSTM GRAPH 图形参数设置页面。

HELP 系统帮助页面。

RESET 复位键。

4. 翻页键(PAGE)

PAGE 向上翻页。

PAGE 向下翻页。

5. 光标移动(CURSOR)

↑ 向上移动光标。

↓ 向下移动光标。

← 向左移动光标。

→ 向右移动光标。

6. 输入键

INPUT 输入键:把输入区中的数据输入参数页面。

（二）机床操作面板（图1-4）

图1-4　机床操作面板

1.模式选择键

EDIT:编辑模式。

MDI:手动数据输入模式。

AUTO:自动加工模式。

JOG:手动模式。

HND:手轮模式。

2.程序运行控制开关（图1-5）

图1-5　程序运行控制开关

程序运行控制开关用于控制数控程序的运行状态。当模式选择键为"AUTO"或"MDI"

时,按下 按钮,程序运行开始;在程序运行中,按下 按钮,程序运行停止。

3. 机床主轴手动控制开关(图 1-6)

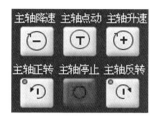

图 1-6 机床主轴手动控制开关

手动主轴正转。

手动主轴反转。

手动主轴停止。

手动主轴降速。

手动主轴点动。

手动主轴升速。

4. 手动移动机床各轴按键(图 1-7)

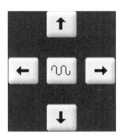

图 1-7 手动移动机床各轴按键

5. 手摇/快速进给倍率选择键(图 1-8)

图 1-8 手摇/快速进给倍率选择键

移动机床轴时,每一步的移动距离:×1 为 0.001 mm,×10 为 0.01 mm,×100 为 0.1 mm,×1 000 为 1 mm。

6.进给率(F)调节旋钮

进给率(F)调节旋钮用于调节程序运行中的进给速度,调节范围为 0～150%,如图 1-9 所示。

图 1-9　进给率(F)调节旋钮

7.手摇脉冲发生器(手轮)

手轮顺时针转动,相应轴往正方向移动;手轮逆时针转动,相应轴往负方向移动,如图 1-10 所示。

图 1-10　手摇脉冲发生器

8.单段执行开关

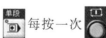每按一次按钮,运行一段程序指令。

9.跳步执行开关

自动加工模式下按下此键,跳过程序段开头带有"/"的程序。

10.机床空运行

按下此键,各轴以系统设定的最快速度运行。

11.机床锁住开关

按下此键,机床各轴被锁住,只运行程序,主要用于程序调试。

12.进给保持

自动加工模式下,按下此键程序停止。

13. 切削液开关

![图标] 按下此键,切削液开;再按一下,切削液关。

14. 手动选刀

![图标] 按下此键,刀架回转。

15. 机床挡位/刀号

![图标] 显示机床主轴变速齿轮当前的挡位与刀架当前的刀号。

16. 导轨润滑启动

![图标] 按下此键手动强制润滑导轨。

17. 紧急停止按钮

![图标] 按下此按钮,机床立即停止运行。

▶ 操作训练

任务一:数控车床的基本操作方法

1. 手动回参考点

（1）置模式旋钮在 位置。

（2）选择各轴 ![图标按键] ,按住按键,即回参考点。

2. 移动

手动移动机床坐标轴的方法有三种。

方法一:按快速移动键 ![图标] ,用于较长距离的工作台移动。

（1）选择"JOG"模式 ![图标] 。

（2）选择各轴,按方向键 ![＋] ![－] ,机床各轴移动,松开后停止移动。

（3）同时按 ![图标] 键,各轴快速移动。

方法二:按增量移动键 ,用于微量调整,如用在对基准操作中。

（1）选择 ![图标] 模式,选择进给倍率 ![X 1] ![X 10] ![X 100] ![X1000] 。

（2）选择各轴,每按一次机床各轴移动一步。

方法三：操纵"手脉" ，用于微量调整。在实际生产中，使用手脉可以让操作者容易控制和观察机床移动。

3. 开、关主轴

（1）选择"JOG"模式 。

（2）按 或 使机床主轴正转或反转，按 主轴停转。

4. 启动程序加工零件

（1）选择"AUTO"模式 。

（2）选择一个程序（参照下面介绍的选择程序方法）。

（3）按程序启动键 。

5. 试运行程序

试运行程序时，刀具不切削零件，仅运行程序。

（1）选择"AUTO"模式 。

（2）选择一个程序后按 调出程序。

（3）按程序启动键 。

6. 单步运行

（1）置单段开关 于"ON"位置。

（2）程序运行过程中，每按一次 执行一条指令。

7. 选择一个程序

方法一：按程序号搜索。

（1）选择"EDIT"模式。

（2）按 键输入字母"O"，按 键输入数字"7"，输入搜索的号码"O7"。

（3）按 键开始搜索，找到后，"O7"显示在屏幕右上角程序号位置，"O7"NC 程序显示在屏幕上。

方法二：选择"AUTO"模式 。

（1）按 键输入字母"O"，按 键输入数字"7"，输入搜索的号码"O7"。

（2）按  →
"O检索"，"O7"显示在屏幕上。

（3）可输入程序段号"N30"，按 N检索 搜索 N30 程序段。

8. 删除一个程序

（1）选择"EDIT"模式。

（2）按 PROG 键输入字母"O"，按 7 键输入数字"7"，输入要删除的程序的号码"O7"。

（3）按 DELTE 键"O7"NC 程序被删除。

9. 删除全部程序

（1）选择"EDIT"模式。

（2）按 PROG 键输入字母"O"。

（3）输入"－9999"。

（4）按 DELTE 键全部程序被删除。

10. 搜索一个指定的代码

一个指定的代码可以是一个字母或一个完整的代码，如 N0010、M、F、G03 等。搜索应在当前程序内进行。操作步骤如下：

（1）选择"AUTO"模式 ➡ 或"EDIT"模式 ◇ 。

（2）按 PROG 键。

（3）选择一个 NC 程序。

（4）输入需要搜索的字母或代码，如 M、F、G03。

（5）按 检索↓ 开始在当前程序中搜索。

11. 编辑 NC 程序（删除、插入、替换操作）

（1）选择"EDIT"模式 ◇ 。

（2）按 PROG 键。

（3）输入需编辑的 NC 程序名，如"O7"，按 INSERT 即可编辑。

（4）按 PAGE 或 PAGE 翻页，按 ↓ 或 ↑ 移动光标。

（5）按数字/字母键，数据被输入到输入域。 CAN 键用于删除输入域内的数据。

（6）设置自动生成程序段号：按 **OFSET SET** → **【SETING】**，如图 1-11 所示，在参数页面顺序号中输入"1"，所编程序自动生成程序段号（如：N10…N20…）。

（7）删除、插入、替代。

按 **DELTE** 键，删除光标所在的代码。

按 **INSERT** 键，把输入区的内容插入到光标所在代码后面。

按 **ALTER** 键，把输入区的内容替代光标所在的代码。

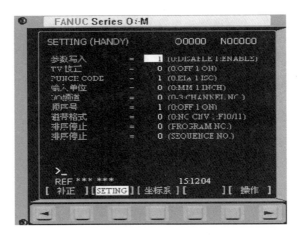

图 1-11　设置自动生成程序段号

12. 通过操作面板手工输入 NC 程序

（1）选择"EDIT" **⬦** 模式。

（2）按 **PROG** 键，再按 **DIR** 进入程序页面。

（3）输入"O7"程序名（输入的程序名不可以与已有程序名重复）。

（4）按 **EOB E** → **INSERT** 键，开始程序输入。

（5）按 **EOB E** → **INSERT** 键换行后再继续输入。

13. 输入工件坐标系参数

（1）按 **OFSET SET** 键进入参数设定页面，按"坐标系"，屏幕显示如图 1-12 所示。

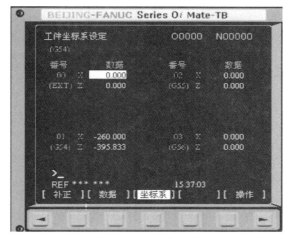

图 1-12 工件坐标系页面

（2）用 PAGE ↑PAGE 或 ↓ ↑ 选择坐标系。

输入地址字 X、Z 的数据到输入区，方法参见"输入数据"操作。

（3）按 INPUT 键，把输入区中的数据输入指定的位置。

14．输入刀具补偿参数

（1）按 OFSET SET 键进入参数设定页面，按"【 补正 】"。

（2）用 PAGE↓ 和 ↑PAGE 键选择长度补偿、半径补偿。

（3）用 ↓ 和 ↑ 键选择补偿参数编号。

（4）输入补偿值到长度补偿 H 或半径补偿 D 中。

（5）按 INPUT 键把补偿值输入指定的位置，屏幕显示如图 1-13 所示。

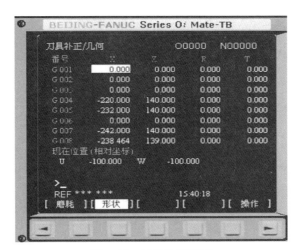

图 1-13 刀具补正页面

15. 位置显示

按 **POS** 键切换到位置显示页面。用 **PAGE↓** 和 **PAGE↑** 键或软键切换。

16. MDI 手动数据输入

（1）按 **⊞** 键，切换到"MDI"模式。

（2）按 **PROG** 键，输入程序段，如：S1000 M03。

（3）按 **INSERT** 键，"S1000 M03"程序段被输入。

（4）按 **▯** 程序启动键。

17. 零件坐标系（绝对坐标系）位置

绝对坐标系：显示机床在当前坐标系中的位置。

相对坐标系：显示机床当前坐标相对于前一位置的坐标。

综合显示：同时显示机床在图 1-14 所示坐标系中的位置。

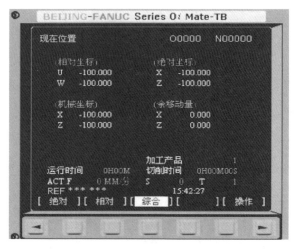

图 1-14　系统坐标系

任务二：数控车床基本操作步骤

1. 开机

（1）接通外部总电源；

（2）开主机电源；

（3）开 NC 电源；

（4）松开急停按钮；

（5）待机床正常后，启动控制按钮。

2.手动返回参考点(绝对编码器数控车床不用返回参考点)

(1)将数控车床操作模式转换到手动返回参考点模式;

(2)手动沿 X 轴返回参考点;

(3)沿 Z 轴返回参考点。

3.编辑程序

(1)选择编辑模式;

(2)输入所需程序。

4.装夹工件

根据所夹工件的尺寸调整卡爪夹紧范围,完成工件装夹。

5.刀具安装

根据刀具厚度选择合适垫刀片,装在刀具下面,用压紧螺栓压紧刀具。

6.确定工件坐标系原点

数控车床设置工件零点有以下几种方法。

(1)直接用刀具试切对刀。

① 用外圆车刀试切一段外圆,测得外圆直径后,按 **OFSET SET** → **【 补正 】** → **【 形状 】**,输入"外圆直径值",按 **【 测量 】** 键,刀具"X"补偿值即自动输入几何形状。

② 用外圆车刀试切端面,按 **OFSET SET** → **【 补正 】** → **【 形状 】**,输入"Z0",按 **【 测量 】** 键,刀具"Z"补偿值即自动输入几何形状。

(2)用 G50 设置工件零点。

① 用外圆车刀先试切一段外圆,选择 **【 相对 】**,按 **SHIFT** → **X_U**,这时"U"坐标在闪烁,按键置"零",测量工件外圆后选择 MDI 模式,输入 G01 U-××(××为测量直径)F0.3,切端面到中心。

② 选择 MDI 模式,输入 G50 X0 Z0,按"启动"键,把当前点设为零点。

③ 选择 MDI 模式,输入 G00 X150 Z150,按"启动"键,使刀具离开工件。

④ 这时程序开头为 G50 X150 Z150。

注意:用 G50 X150 Z150,程序起点和终点必须一致,即 X150 Z150,这样才能保证重复加工不乱刀。

(3)工件移设置工件零点。

在 FANUC 0i 系统里,有一个工件移界面,可输入零点偏移值。

① 用外圆车刀先试切工件端面,并将 X、Z 坐标的位置如(X-260,Z-395)直接输入偏移值中。

② 选择回参考点方式,按 X、Z 轴回参考点,此时工件零点坐标系即建立。

注意:这个零点一直保持,只有重新设置偏移值 Z0 才清除。

(4)G54~G59 设置工件零点。

用外圆车刀先试切一外圆,按 `OFFSET SETTING` → ◀ → 【 坐标系 】,如选择 G55,输入 X0、Z0 按

【 测量 】,工件零点坐标即存入 G55 里,可用程序直接调用,如 G55 X60 Z50。

注意:可用 G53 指令清除 G54～G59 工件坐标系。

7. 图形模拟与试运行程序

(1) 试运行增量坐标系设置＋100 mm;

(2) 手动移动刀具离工件 200 mm 以上;

(3) 调出主程序,光标放到程序头;

(4) 检查各功能按键位置;

(5) 启动程序,同时将一只手放在急停按钮处,如有情况立即按下。

8. 自动加工零件

自动加工时注意将快进倍率调到 25% 以下,以防止出现撞车事故。

9. 加工完毕并检查

加工完毕应仔细检查工件是否合格。

10. 关机

(1) 将刀架移至机床尾部;

(2) 按下急停按钮;

(3) 切断 NC 电源;

(4) 切断主机电源;

(5) 关压缩空气阀门;

(6) 切断外部总电源。

知识拓展

(一) 数控车床操作规程

1. 基本注意事项

(1) 操作时穿好工作服、安全鞋,戴好工作帽及防护镜,严禁戴手套操作机床;

(2) 不要移动或损坏安装在机床上的警告标牌;

(3) 不要在机床周围放置障碍物,工作空间应足够大;

(4) 某一项工作如需要两人或多人共同完成时,应注意相互间的协调;

(5) 不允许采用压缩空气清洗机床、电气柜及 NC 单元。

2. 工作前的准备工作

(1) 机床开始工作前应先预热,认真检查润滑系统工作是否正常,如机床长时间未开动,可先采用手动方式向各部分供油润滑;

(2) 使用的刀具应与机床允许的规格相符,有严重破损的刀具要及时更换;

(3) 调整刀具用工具不要遗忘在机床上;

(4) 轴类零件的中心孔应合适,若中心孔太小,则工作中易发生危险;

(5) 刀具安装好后应进行切削;

　(6) 检查卡盘的夹紧状态;

　(7) 机床开动前必须关好机床防护门。

　3. 工作过程中的安全注意事项

　(1) 禁止用手接触刀尖和切屑,切屑必须用钩子或毛刷清理;

　(2) 禁止用手或其他物体接触正在旋转的主轴、工件或其他运动部位;

　(3) 禁止加工过程中测量工件或用棉纱擦拭工件、清扫机床;

　(4) 车床运转中,操作者不得离开岗位,发现机床异常应立即停机;

　(5) 经常检查轴承温度,过高时应找有关人员进行检查;

　(6) 在加工过程中,不允许打开机床防护门;

　(7) 严格遵守岗位责任制,机床由专人使用,他人使用必须经本人同意;

　(8) 工件伸出车床外时,必须在伸出位置设防护物;

　(9) 程序运行注意事项:

　① 对刀应准确无误,刀具补偿号应与程序调用刀具号一致;

　② 检查机床各功能按键的位置是否正确;

　③ 程序运行前光标应处于程序开始处;

　④ 切削液应适量;

　⑤ 启动程序时,一手作按急停按钮准备,程序运行中手不能离开急停按钮,如有紧急情况立即按下急停按钮。

　4. 工作完成后的注意事项

　(1) 清除切屑、擦拭机床,使机床与环境保持清洁;

　(2) 检查润滑油、切削液的状态,及时添加或更换;

　(3) 依次切断机床操作面板上的电源和总电源。

　(二) 数控车床的保养

　1. 日常保养

　(1) 每次开机前检查机床输入电压,应为 $380 \pm 10\%$ V。

　(2) 压缩空气压力必须为 0.6 MPa 以上,随时检查是否有漏气现象。

　(3) 检查 X、Z 轴导轨面,如有切屑等附着在上面,应及时清除;如导轨有伤痕,应用油石磨平。

　(4) 每次开机前要检查导轨及滚珠丝杠的润滑情况,充分润滑后方可运行机床。如果机床长时间没有运行,应启动自动润滑泵按钮数次,使润滑油循环,渗出导轨和滚珠丝杠。

　(5) 机床开机后应首先进行返回机床参考点操作,然后再低速运行 5 min,检查是否有不正常的声音及振动现象等。

　(6) 每次机床运行结束后必须全面清理机床,特别要保持导轨、机床操作面板的清洁。

　2. 定期保养

　(1) 每周检查润滑站的油箱油位,应高于一半,如油位不达标,应及时补充规定牌号的润滑油至油箱容量的 80% 左右;

　(2) 每周检查主轴齿轮油位,应为观察窗的一半左右;

（3）每周检查切削液箱液位，应达到切削液箱容量的 3/4 以上；

（4）每月清洗切削液过滤网一次；

（5）每半年检查 X、Z 轴导轨面的刮油片一次，如有损坏应立即更换；

（6）每半年清洗集中润滑站过滤器一次；

（7）每半年调整 X、Z 轴导轨镶条、斜楔一次；

（8）每三年更换主轴箱齿轮油一次；

（9）每三年更换主轴轴承、轴向轴承的润滑油脂一次。

思考与练习

1. 数控车床操作基本注意事项有哪些？

2. 数控车床系统操作面板与机床操作面板的各个按键的作用是什么？

项目二　车削简单阶梯轴零件

▶ 项目简介

本项目通过学习简单阶梯轴零件的加工,掌握 G00、G01 指令的含义与应用,熟悉数控车床的操作。

▶ 相关知识

(一)程序的结构

一个完整的数控加工程序由程序名、程序内容、程序结尾和程序注释四部分组成。

1. 程序名

程序名以字母 O 加四位阿拉伯数字构成,写在程序的开始处,用以区分不同程序。

2. 程序内容

程序内容由程序段(命令)组成,程序段由程序段号、功能字等组成,功能字由地址符和数字组成。

3. 程序结尾

程序结尾由 M02 或 M30 指定,表示程序结束。

4. 程序注释

括号中的内容为程序注释,用于注释本程序或程序段的内容、图号等信息。

例:

```
O3481;                                      (TEST 1)
N02   G21   G40   G97   G99   T0100;
N04   T0101;                        (选择 1 号刀具、1 号刀补)
N06   S1500   M03;
N08   G00   X52.0   Z2.0;
     ⋮
N64   G00   X300.0   Z300.0;
N66   T0100;
N68   M30;
```

(二)准备功能

准备功能由地址符 G 与后面的两位数字组成,也称 G 代码,用来实现刀具轨迹控制,即各进给轴的运动(如直线、圆弧插补)、进给控制、坐标系原点偏置及变换、尺寸单位设定、刀具补偿等功能。

1. 非模态代码

只在被指定的程序段内有效,该程序段结束时即被注销的 G 代码称为非模态代码,如 G00。

2. 模态代码

在被指定的程序段及之后的程序段中持续有效,直至被同组的 G 代码取代的 G 代码称为模态代码。常用 G 代码及其功能见表 2-1。

表 2-1　常用 G 代码及其功能

G 代码	组	功　　能
* G00	01	定位(快速移动)
G01		直线插补
G02		顺时针圆弧插补
G03		逆时针圆弧插补
G04	00	暂停
G20	06	英寸输入
* G21		毫米输入
G28	00	返回参考点
G29		从参考点返回
G32	01	螺纹切削
* G40	07	取消刀具半径补偿
G41		刀具半径左补偿
G42		刀具半径右补偿
G50	00	设定工件坐标系、设定主轴最高转速
* G54	14	选择工件坐标系 1
G55		选择工件坐标系 2
G56		选择工件坐标系 3
G57		选择工件坐标系 4
G58		选择工件坐标系 5
G59		选择工件坐标系 6
G65	00	宏程序调用

G 代码	组	功　　能
G70	00	精加工循环
G71		内/外径粗车循环
G72		阶梯循环
G73		成形循环
G74		端面切槽循环
G75		内/外径切槽循环
G76		螺纹切削循环
G90	01	内/外径车削固定循环
G92		螺纹车削固定循环
G94		端面车削固定循环
G96	05	恒线速切削
* G97		恒转速切削
G98	10	每分钟进给
* G99		每转进给

注:(1) 加 * 的代码为系统上电时的默认设置;

(2) 00 组代码是非模态代码;

(3) 其他组别的 G 代码为模态代码。

(三) 辅助功能

辅助功能(M 代码)由地址符 M 与后面的两位数字组成。辅助功能代码主要用于控制机床的辅助设备,如主轴、刀架和冷却泵的工作以及程序结束等。常用的 M 代码及其功能见表 2-2。

表 2-2　常用的 M 代码及其功能

M 代码	功　　能
M00	程序无条件停止
M01	程序选择停止
M02	程序结束
M03	主轴正转
M04	主轴反转
M05	主轴停止
M08	切削液开
M09	切削液关
M30	程序结束,光标返回程序起始处
M98	调用子程序
M99	子程序结束,返回主程序

（四）其他功能

1. 主轴功能

由地址符 S 加数值构成，用于表示主轴转速或线速度。

例：

　　　　N6　G96　S100　M03；　表示刀具相对于工件的线速度为 100 m/min

　　　　N6　G97　S800　M03；　表示主轴转速为 800 r/min

2. 进给功能

由地址符 F 加数值构成，用于指定刀具相对于工件的进给速度。

例：

　　　　N12　G98　G01　X50.0　Z-75.0　F150；　表示进给速度为 150 mm/min

　　　　N12　G99　G01　X50.0　Z-75.0　F0.2；　表示进给速度为 0.2 mm/r

3. 刀具功能

由地址符 T 加数值构成，用于选择不同的刀具和刀补。

例：

　　　　N24　T0809；　表示选择 8 号刀、9 号刀补

4. 英制和米制输入 G20、G21

格式：

　　　　G20(G21)

说明：

G20 表示英制输入，G21 表示米制输入。G20 和 G21 是两个可以相互取代的代码，但不能在一个程序中同时使用。机床通电后的初始状态为 G21。

（五）快速点定位指令 G00

1. 格式

　　　　G00　X__　Z__；

　　　　G00　U__　W__；

2. 说明

（1）G00 指令使刀具从当前点出发，以数控系统预先设定的快进速度快速移动到程序段所指定的目标点。X、Z 后的值为目标点在工件坐标系中的坐标值，U、W 后的值为目标点相对于当前点的位移量。

（2）在执行 G00 指令时，由于各轴以各自速度移动，不能保证各轴同时到达终点，因而 G00 的运动轨迹不一定是直线，若不注意则容易发生干涉。

（六）直线插补指令 G01

1. 格式

　　　　G01　X__　Z__　F__；

　　　　G01　U__　W__　F__；

2. 说明

（1）G01 指令控制刀具从所在点出发以直线轨迹移动到目标点。

（2）X、Z 后的值为目标点在工件坐标系中的坐标值，U、W 后的值为目标点相对于起点的位移量。

（3）F 为刀具进给速度，系统默认单位为 mm/r。

操作训练

（一）任务

通过加工图 2-1 所示的阶梯轴一，理解 G00、G01 指令的含义并能准确应用，进一步熟练数控车床的操作。

（二）任务分析

1. 图样分析

本任务所用实训材料为硬铝，直径为 $\phi40$，要求应用 G00、G01 指令完成程序编写并进行加工。

2. 工时定额

总工时：60 min。

（1）编程时间：20 min。

（2）操作时间：40 min。

3. 工艺分析

（1）夹持毛坯外圆，伸出卡盘 40，车端面。

（2）粗、精车 $\phi38_{-0.039}^{0}$ 外圆至尺寸要求。

（3）调头装夹 $\phi38_{-0.039}^{0}$ 外圆，手动方式车端面，控制总长 65 ± 0.05。

（4）粗、精车 $\phi35_{-0.039}^{0}$ 外圆至尺寸要求，长度为 35 ± 0.05。

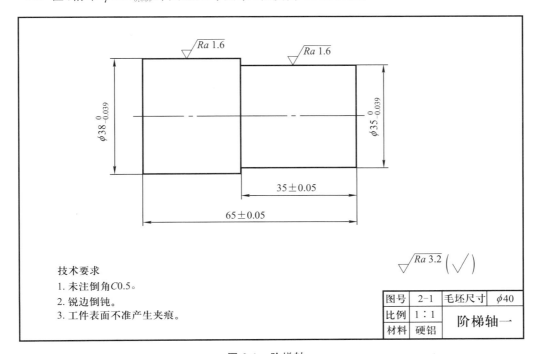

图 2-1　阶梯轴一

（三）任务准备

1. 材料

硬铝，$\phi 40 \times 67$ 圆棒料。

2. 量具

本任务所需量具见表 2-3。

表 2-3　量具

序号	名　称	规　格	单位	数量
1	游标卡尺	$0 \sim 150$ mm/0.02 mm	把	1
2	外径千分尺	$25 \sim 50$ mm/0.01 mm	把	1

3. 刀具

本任务所需刀具见表 2-4。

表 2-4　刀具

刀具号	刀具规格名称	数量	用　途
T0101	35°外圆车刀	1	粗、精车外圆

4. 工具

刀架扳手、卡盘扳手、垫刀片、扳手等。

（四）任务实施过程

1. 编制加工程序

本书所有训练项目均采用 FANUC 0i 系统的程序格式。本任务的相关程序见表 2-5 与表 2-6。

表 2-5　$\phi 38_{-0.039}^{\ 0}$ 外圆加工程序

程序段号	程　序	说　明
	O0301;	程序名
N0010	G21 G40 G97 G99 T0100;	设置加工前准备参数
N0020	T0101 M03 S1500;	选择 1 号刀，1 号刀补；主轴正转，转速 1 500 r/min
N0030	G00 X42 Z2;	刀具快速移动到加工起点
N0040	X38.5;	快进至 X38.5 处
N0050	G01 Z-32 F0.2;	粗车外圆
N0060	G00 X42;	沿 X 轴退刀
N0070	Z2;	沿 Z 轴退刀
N0080	X38;	快进至 X38 处
N0090	G01 Z-32 F0.12;	精车 $\phi 38_{-0.039}^{\ 0}$ 外圆
N0100	G00 X42;	沿 X 轴退刀
N0110	X200 Z200;	刀具快速退至换刀点
N0120	M30;	程序结束并返回

表 2-6 $\phi 35_{-0.039}^{0}$ 外圆加工程序

程序段号	程 序	说 明
	O0302;	程序名
N0010	G21 G40 G97 G99 T0100;	设置加工前准备参数
N0020	T0101 M03 S1500;	选择 1 号刀、1 号刀补；主轴正转，转速 1 500 r/min
N0030	G00 X42 Z2;	刀具快速移动到加工起点
N0040	X35.5;	快进至 X35.5 处
N0050	G01 Z-35 F0.2;	粗车外圆
N0060	G00 X42;	沿 X 轴退刀
N0070	Z2;	沿 Z 轴退刀
N0080	X35;	快进至 X35 处
N0090	G01 Z-35 F0.12;	精车 $\phi 35_{-0.039}^{0}$ 外圆
N0100	G00 X42;	沿 X 轴退刀
N0110	X200 Z200;	刀具快速退到换刀点
N0120	M30;	程序结束并返回

2. 加工步骤

（1）开机，返回机床参考点；

（2）安装工件和刀具；

（3）输入加工程序，编辑修改；

（4）锁住机床，试运行程序；

（5）采用试切法对刀，输入刀补值；

（6）自动运行程序，加工工件（预留加工修正余量）；

（7）测量工件实际尺寸，修改刀补值后再加工；

（8）工件检测合格后完成加工。

（五）任务检测与评价（表 2-7）

表 2-7 阶梯轴一车削任务检测与评价表

姓 名		准考证号			得 分		
单 位				考题名称	阶梯轴一		
考试时间	60 min	实际时间			自 时 分起至 时 分		
序号	考核内容及要求	配分		评分标准		检测结果	得分
1	编程、调试熟练程度	10		程序思路清晰、可读性强，模拟调试纠错能力强			
2	操作熟练程度	10		试切对刀，建立工件坐标系操作熟练			
3	外形	10		工件外形有缺陷酌情扣分			

续　表

序号	考核内容及要求	配分	评分标准	检测结果	得分
4	$\phi 38_{-0.039}^{\quad 0}$	15	超差不得分		
5	$\phi 35_{-0.039}^{\quad 0}$	15	超差不得分		
6	65 ± 0.05	10	超差不得分		
7	35 ± 0.05	10	超差不得分		
8	$Ra1.6$(2 处)	10	大于 $Ra1.6$,每处扣 5 分		
9	$Ra3.2$	10	大于 $Ra3.2$,每处扣 1 分		
10	安全文明生产		违者酌情扣 5~10 分,严重者取消考试		
11	考核时间		超时 5 min 扣 3 分,超时 10 min 停止考试		
总　　分		100			
评分人员签字			鉴定日期		

▶ 知识拓展

(一)数控车床坐标系

1. 右手直角笛卡儿坐标系

数控机床上的坐标系采用右手笛卡儿坐标系(图 2-2),该坐标系的各个坐标轴与机床的主要导轨平行。坐标轴 X、Y、Z 三者的关系及其方向用右手定则判定;围绕 X、Y、Z 各轴回转的运动及其正方向 $+A$、$+B$、$+C$ 分别用右手螺旋定则确定。

通常,在坐标轴命名或编程时,不论机床在加工中是刀具移动,还是被加工工件移动,都一律假定被加工工件静止不动,而刀具移动,即刀具相对工件运动的原则,并同时规定刀具远离工件的方向为坐标轴的正方向。

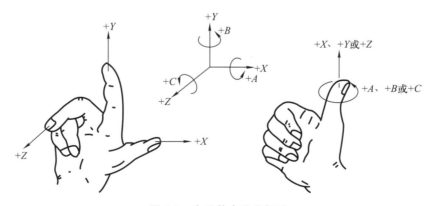

图 2-2　右手笛卡儿坐标系

2. 机床原点、机床坐标系与机床参考点

机床坐标系(图 2-3)是机床固有的坐标系,机床坐标系的原点也称为机床原点或机床零点,数控车床一般将其定义在主轴前端面的中心。在机床经过设计、制造和调整后,机床原点便被确定下来,它是固定的点。数控装置上电时并不知道机床零点,每个坐标轴的机械行程是由最大和最小限位开关来限定的。

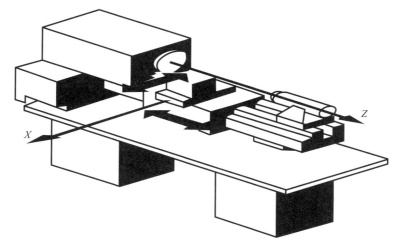

图 2-3　机床坐标系

为了正确建立机床坐标系,通常在每个坐标轴的正向行程极限位置附近设置一个机床参考点(测量起点),该位置用挡块和限位开关精确调整。机床启动时,通常要进行机动或手动回参考点,以建立机床坐标系。机床参考点可以与机床零点重合,也可以不重合,通过参数指定机床参考点到机床零点的距离。机床回到了参考点位置,也就知道了该坐标轴的零点位置,找到所有坐标轴的参考点,CNC 就建立了机床坐标系。

3. 工件坐标系与工件原点

工件坐标系是编程人员在编程时针对工件建立的坐标系,它只与工件有关,而与机床坐标系无关。

工件坐标系的原点就是工件原点,也称为工作原点。通常编程人员会选择某一满足编程要求且使编程简单、尺寸换算少和引起的加工误差小的已知点作为工件原点。

在程序开头就要设置工件坐标系,数控车床一般可用 G50 指令建立工件坐标系(图 2-4),或用 G54~G59 指令选择工件坐标系。工件坐标系一旦建立便持续有效,直至被新的工件坐标系所取代。

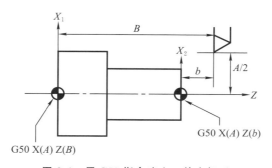

图 2-4　用 G50 指令建立工件坐标系

(二) 确定工件坐标系原点

1. 工件坐标系设定指令 G50

(1) 格式：G50　X__　Z__；

(2) 说明：

① G50 指令通过设定刀具起点相对于工件坐标原点的位置来建立坐标系。X、Z 为当前刀位点在工件坐标系中的坐标(图 2-5)。此坐标系一旦建立,后续的绝对值指令坐标位置都是此工件坐标系中的坐标值。

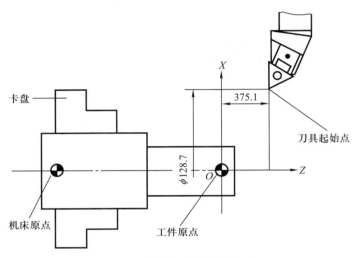

图 2-5　各坐标原点间的关系

② G50 指令是一条非模态指令,但由该指令建立的工件坐标系却是模态的。

③ G50 指令一般放在程序的第一段。执行该指令只建立一个坐标系,刀具并不产生运动。

④ 在 G50 程序段中不允许有其他功能指令,但 S 指令除外,因为 G50 指令还有另一种功用就是设定恒切削速度。

(3) 应用：

　　　　N2　G50　X128.7　Z375.1；

2. 工件坐标系选择指令 G54~G59

(1) 格式：G54　G00(G01)　X__　Z__　(F__)；

(2) 说明：

① 工件坐标系选择指令有 G54、G55、G56、G57、G58、G59。G54 与 G55~G59 用法一样,所不同的只是 G54 为默认坐标系,它们均为模态指令。指令与所选坐标系对应的关系如下：

G54——选定工件坐标系一；

G55——选定工件坐标系二；

G56——选定工件坐标系三；

G57——选定工件坐标系四;

G58——选定工件坐标系五;

G59——选定工件坐标系六。

② G54~G59 指令程序段可以和 G00、G01 指令组合,如程序 G90 G54 G00 X10.0 Z5.0 表示刀具快速移动到工件坐标系一中的(X10.0,Z5.0)点处。

③ 工件坐标系一旦选定,后续程序段中绝对值编程时的指令值均为相对于此工件坐标系原点的值。

④ 在机床中可以预置六个工件坐标系,通过在 CRT-MDI 面板上的操作,设置每一个工件坐标系原点相对于机床坐标系原点的偏移量,然后使用程序中的 G54~G59 指令来选用。

思考与练习

根据图 2-6 要求完成阶梯轴二的加工练习。

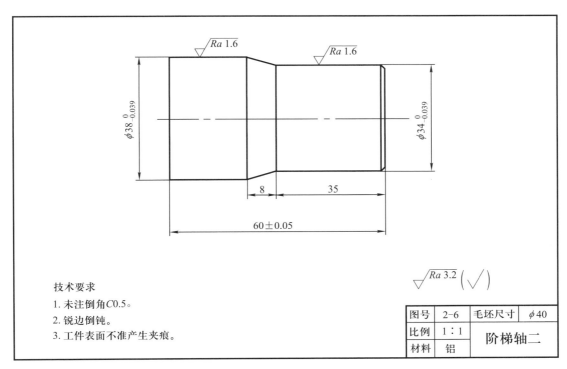

图 2-6　阶梯轴二

项目三　车削简单圆弧面零件

项目简介

本项目通过学习简单圆弧面零件的车削,掌握 G02、G03 指令的含义与应用,进一步熟悉数控车床的操作。

相关知识

圆弧插补指令

1.格式

$$G02/G03 \quad X(U)\_\_ \quad Z(W)\_\_ \quad I\_\_ \quad K\_\_ \quad F\_\_;$$
$$G02/G03 \quad X(U)\_\_ \quad Z(W)\_\_ \quad R\_\_ \quad F\_\_;$$

2.说明

(1) G02 表示顺圆插补,G03 表示逆圆插补。在执行 G02、G03 指令时,刀具相对工件以 F 指令的进给速度从当前点向终点进行圆弧插补加工。

(2) X、Z 后的值是圆弧终点的绝对坐标值,U、W 后的值是圆弧终点相对于圆弧起点的增量值。

(3) 圆弧大小既可用圆弧半径 R 指令编程,也可用 I、K 指令编程。在同一程序段中,I、K、R 同时指定时,R 优先。当用 R 指令编程时,如果加工圆弧段所对的圆心角小于或等于 180°时,R 为正值;大于 180°时,R 为负值。

(4) 整圆编程时不可以使用 R,只能用 I、K,此时 X、Z 可同时省略,表示起、终点重合。

(5) 无论用绝对还是用增量方式编程,I、K 都为圆心相对于圆弧起点的坐标增量,为零时可省略。

$$I = (X_心 - X_起)/2$$
$$K = Z_心 - Z_起$$

操作训练

(一) 任务

通过加工图 3-1 所示的简单圆弧轴一,理解 G02、G03 指令的含义并能准确应用,进一步熟悉数控车床的操作。

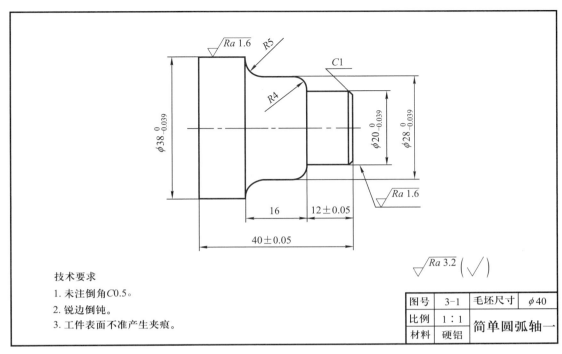

图 3-1　简单圆弧轴一

(二) 任务分析

1. 图样分析

本任务所用实训材料为硬铝,直径为 $\phi 40$,已经过粗加工,直径方向精加工余量为 0.5 mm,要求应用 G02、G03 指令完成精加工。

2. 工时定额

总工时:60 min。

(1) 编程时间:20 min。

(2) 操作时间:40 min。

3. 工艺分析

(1) 夹持毛坯外圆,伸出卡盘 60,手动方式车端面;

(2) 精车 C1 倒角;

(3) 精车 $\phi 20_{-0.039}^{0}$ 外圆,长度为 12;

(4) 精车 R4 圆弧;

(5) 精车 $\phi 28_{-0.039}^{0}$ 外圆,长度为 7;

(6) 精车 R5 圆弧;

(7) 精车 $\phi 38_{-0.039}^{0}$ 外圆,长度为 12;

(8) 切断,控制长度 40 ± 0.05。

（三）任务准备

1. 材料

硬铝，$\phi 40$ 棒料，已经过粗加工，直径方向精加工余量为 0.5 mm。

2. 量具

本任务所需量具见表 3-1。

表 3-1　量具

序号	名　称	规　格	单位	数量
1	游标卡尺	$0\sim150$ mm/0.02 mm	把	1
2	外径千分尺	$25\sim50$ mm/0.01 mm	把	1
3	R 规	$R1\sim R14$	把	1

3. 刀具

本任务所需刀具见表 3-2。

表 3-2　刀具

序号	刀具号	刀具规格名称	数量	用　途
1	T0101	35°外圆车刀	1	精车外圆
2		切断刀	1	切断工件

4. 工具

刀架扳手、卡盘扳手、垫刀片、扳手等。

（四）任务实施过程

1. 编制加工程序

加工程序见表 3-3。

表 3-3　简单圆弧轴一加工程序

程序段号	程　序	说　明
	O0401；	程序名
N0010	G21 G40 G97 G99 T0100；	设置加工前准备参数
N0020	T0101 M03 S1500；	选择 1 号刀、1 号刀补；主轴正转，转速 $1\,500$ r/min
N0030	G00 X42 Z1；	刀具快速移动到加工起点
N0040	X16；	快进至 X16 处
N0050	G01 X20 Z-1 F0.1；	倒角 C1
N0060	Z-12；	精车 $\phi 20_{-0.039}^{\ 0}$ 外圆
N0070	G03 X28 Z-16 R4；	精车 R4 圆弧
N0080	G01 Z-23；	精车 $\phi 28_{-0.039}^{\ 0}$ 外圆
N0090	G02 X38 Z-28 R5；	精车 R5 圆弧
N0100	G01 Z-40；	精车 $\phi 38_{-0.039}^{\ 0}$ 外圆
N0110	G00 X42；	沿 X 轴退刀
N0120	X200 Z200；	刀具快速退到换刀点
N0130	M30；	程序结束并返回

2.加工步骤

（1）开机，返回机床参考点；

（2）安装工件和刀具；

（3）输入加工程序，编辑修改；

（4）锁住机床，试运行程序；

（5）采用试切法对刀，输入刀补值；

（6）自动运行程序，加工工件（预留加工修正余量）；

（7）测量工件实际尺寸，修改刀补值后再加工；

（8）切断；

（9）工件检测合格后完成加工。

（五）任务检测与评价（表 3-4）

表 3-4　简单圆弧轴一车削任务检测与评价表

姓　　名		准考证号			得　　分		
单　　位			考题名称		简单圆弧轴一		
考试时间	60 min	实际时间			自　　时　　分起至　　时　　分		
序号	考核内容及要求	配分		评分标准		检测结果	得分
1	编程、调试熟练程度	10		程序思路清晰、可读性强，模拟调试纠错能力强			
2	操作熟练程度	10		试切对刀，建立工件坐标系操作熟练			
3	外形	10		工件外形有缺陷酌情扣分			
4	$\phi 38^{\,0}_{-0.039}$	10		超差不得分			
5	$\phi 28^{\,0}_{-0.039}$	10		超差不得分			
6	$\phi 20^{\,0}_{-0.039}$	10		超差不得分			
7	40 ± 0.05	10		超差不得分			
8	12 ± 0.05	10		超差不得分			
9	C1	5		超差不得分			
10	$Ra1.6$（2 处）	10		大于 $Ra1.6$，每处扣 5 分			
11	$Ra3.2$	5		大于 $Ra3.2$，每处扣 1 分			
12	安全文明生产		违者酌情扣 5～10 分，严重者取消考试				
13	考核时间		超时 5 min 扣 3 分，超时 10 min 停止考试				
总　　分		100					
评分人员签字			鉴定日期				

知识拓展

刀具半径补偿指令 G41、G42、G40

1. 格式

G41(G42)　G00(G01)　　X__　Z__　(F__)；

G40　　　　G00(G01)　　X__　Z__　(F__)；

2. 说明

（1）G41 为刀具半径左补偿，G42 为刀具半径右补偿，G40 为取消刀具半径补偿。

（2）刀具半径补偿的建立与取消只能在 G00 或 G01 指令所在程序段。

（3）在 G00 或 G01 指令建立与取消刀具半径补偿功能过程中，刀具移动的距离必须大于所调用刀具的刀尖圆弧半径。

（4）在 G74～G76、G90～G92 固定循环指令中不用刀具半径补偿。

（5）使用刀具半径补偿功能编程时，要考虑刀尖的假想工作位置（图 3-2），并输入系统的刀具形状补偿单元中，如图 3-3 所示。

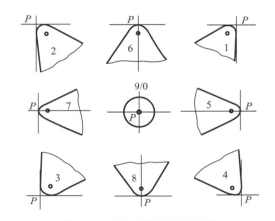

图 3-2　刀尖的假想工作位置

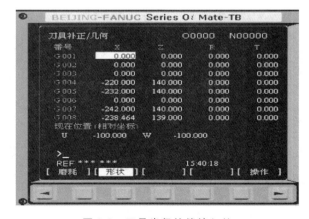

图 3-3　刀具半径补偿输入处

思考与练习

根据图 3-4 的要求，完成简单圆弧轴二的加工练习。

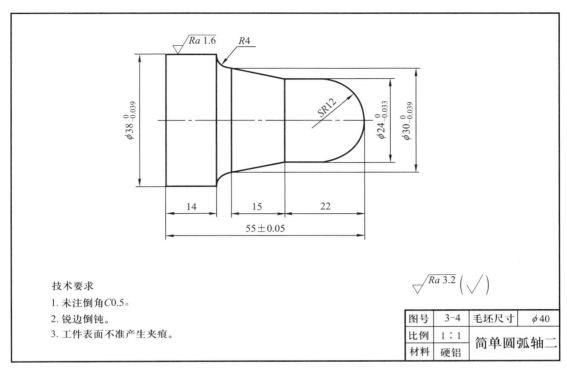

技术要求
1. 未注倒角C0.5。
2. 锐边倒钝。
3. 工件表面不准产生夹痕。

图号	3-4	毛坯尺寸	$\phi40$
比例	1:1		简单圆弧轴二
材料	硬铝		

图 3-4　简单圆弧轴二

项目四　车削普通螺纹零件

项目简介

本项目通过学习普通螺纹零件的车削,掌握 G32、G92 指令的含义与应用,进一步熟悉数控车床的操作。

相关知识

(一) 螺纹车削基本指令 G32

1. 格式

　　　　G32　X(U)__　Z(W)__　F__;

2. 说明

(1) G32 指令能够车削圆柱螺纹、圆锥螺纹、端面螺纹。

(2) X、Z 后的值为绝对值编程时有效螺纹终点在工件坐标系中的坐标值,U、W 后的值为增量值编程时有效螺纹终点相对于螺纹切削起点的位移量。

(3) 指令中用 F 指定螺纹的导程。

(4) 螺纹车削中,进给速度倍率无效。

(5) 改变主轴的转速将车出不规则的螺纹。

(6) 在 G32 指令车削螺纹过程中不能执行循环暂停。

(7) F 为长轴螺距,若锥角 $\alpha \leqslant 45°$,F 表示 Z 轴螺距,否则 F 表示 X 轴螺距。F = 0.001 ~ 500 mm。

(二) 螺纹车削固定循环指令 G92

1. 格式

　　　　G92　X(U)__　Z(W)__　F__;　　　表示圆柱螺纹车削循环
　　　　G92　X(U)__　Z(W)__　R__　F__;表示圆锥螺纹车削循环

2. 说明

(1) X(U)、Z(W) 为螺纹切削终点坐标,F 为螺纹的导程;

(2) R 为圆锥螺纹大、小端半径差(圆锥外螺纹 R 为负值),为圆锥螺纹切削起点和切削终点的半径差;

(3) 其他同 G32 说明。

操作训练

(一) 任务

通过加工图 4-1 所示的阶梯螺纹轴,理解 G32、G92 指令的含义并能准确应用,进一步熟悉数控车床的操作。

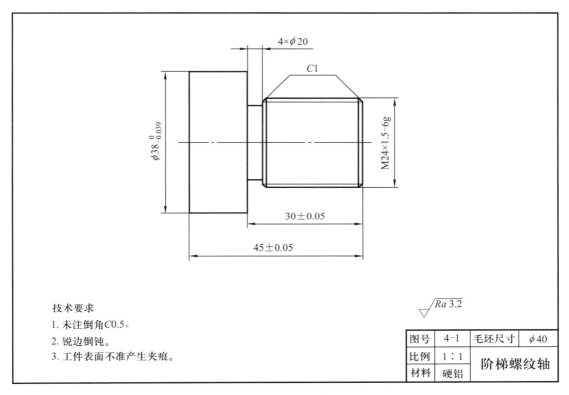

技术要求

1. 未注倒角C0.5。
2. 锐边倒钝。
3. 工件表面不准产生夹痕。

图号	4-1	毛坯尺寸	φ40
比例	1:1	**阶梯螺纹轴**	
材料	硬铝		

图 4-1　阶梯螺纹轴

(二) 任务分析

1. 图样分析

本任务所用实训材料为硬铝,直径为 φ40,已完成除螺纹外的所有加工内容,要求分别应用 G32、G92 指令完成零件的 M24 × 1.5-6g 螺纹加工。

2. 工时定额

总工时:60 min。

(1) 编程时间:20 min。

(2) 操作时间:40 min。

3. 工艺分析

本项目加工 M24 × 1.5-6g 普通外螺纹,螺纹外径需事先车小 0.2 mm;加工螺纹时每刀背吃刀量要逐渐减少,最后一刀背吃刀量小于 0.1 mm。

螺纹公称直径 $d = 24$ mm；

牙型高度 $h = 0.65\ P = 0.65 \times 1.5$ mm $= 0.975$ mm；

螺纹小径 $d_1 = d - 1.3\ P = 24$ mm $- 1.3 \times 1.5$ mm $= 22.05$ mm。

（三）任务准备

1. 材料

硬铝，$\phi 40$ 棒料已完成除螺纹外所有加工内容。

2. 量具

本任务使用的量具见表 4-1。

表 4-1　量具

序号	名　称	规　格	单位	数量
1	游标卡尺	$0 \sim 150$ mm/0.02 mm	把	1
2	螺纹环规	M24×1.5-6g	副	1

3. 刀具

本任务使用的刀具见表 4-2。

表 4-2　刀具

刀具号	刀具规格名称	数量	用　途
T0101	60°普通外螺纹车刀	1	外螺纹加工

4. 工具

刀架扳手、卡盘扳手、垫刀片、扳手等。

（四）任务实施过程

1. 编制加工程序

加工程序见表 4-3、表 4-4。

表 4-3　应用 G32 指令的螺纹加工程序

程序段号	程　序	说　明
	O0401；	程序名
N0010	G21 G40 G97 G99 T0100；	设置加工前准备参数
N0020	T0101 M03 S800；	选择 1 号刀、1 号刀补；主轴正转，转速 800 r/min
N0030	G00 X30 Z2；	刀具快速移动到加工起点
N0040	X23；	快进至 X23 处
N0050	G32 Z-28 F1.5；	车螺距为 1.5 的普通外螺纹
N0060	G00 X30；	沿 X 轴退刀
N0070	Z2；	沿 Z 轴退刀

续　表

程序段号	程　　　序	说　　　　明
N0080	G00 X22.4;	一次重复上面车螺纹动作
N0090	G32 Z-28;	
N0100	G00 X30;	
N0110	Z2;	
N0120	G00 X22.15;	二次重复上面车螺纹动作
N0130	G32 Z-28;	
N0140	G00 X30;	
N0150	Z2;	
N0160	G00 X22.05;	三次重复上面车螺纹动作
N0170	G32 Z-28;	
N0180	G00 X30;	
N0190	Z2;	
N0200	X200 Z200;	刀具快速退到换刀点
N0210	M30;	程序结束并返回

表 4-4　应用 G92 指令的螺纹加工程序

程序段号	程　　　序	说　　　　明
	O0401;	程序名
N0010	G21 G40 G97 G99 T0100;	设置加工前准备参数
N0020	T0101 M03 S800;	选择 1 号刀,1 号刀补;主轴正转,转速 800 r/min
N0030	G00 X30 Z2;	刀具快速移动到加工起点
N0040	G92 X23 Z-28 F1.5;	车螺距为 1.5 的普通外螺纹
N0050	X22.4;	一次重复上面车螺纹动作
N0060	X22.15;	二次重复上面车螺纹动作
N0070	X22.05;	三次重复上面车螺纹动作
N0080	X200 Z200;	刀具快速退到换刀点
N0090	M30;	程序结束并返回

注意:加工同样的螺纹,用 G92 指令要比 G32 指令简洁与方便得多。

2. 加工步骤

(1) 开机,返回机床参考点;

(2) 安装工件和刀具;

(3) 输入加工程序,编辑修改;

(4) 锁住机床,试运行程序;

(5) 采用试切法对刀,输入刀补值;

(6) 自动运行程序,加工工件(预留加工修正余量);

（7）测量工件实际尺寸，修改刀补值后再加工；

（8）工件检测合格后完成加工。

（五）任务检测与评价（表 4-5）

表 4-5　阶梯螺纹轴车削任务检测与评价表

姓　　名		准考证号			得　　分		
单　　位			考题名称		阶梯螺纹轴		
考试时间	60 min	实际时间			自　　时　　分起至　　时　　分		
序号	考核内容及要求	配分	评分标准			检测结果	得分
1	编程、调试熟练程度	10	程序思路清晰、可读性强，模拟调试纠错能力强				
2	操作熟练程度	10	试切对刀，建立工件坐标系操作熟练				
3	螺纹牙型	20	螺纹牙型不准确酌情扣分				
4	M24×1.5-6g	50	超差不得分				
5	$Ra3.2$	10	大于 $Ra3.2$，每处扣 5 分				
6	安全文明生产		违者酌情扣 5～10 分，严重者取消考试				
7	考核时间		超时 5 min 扣 3 分，超时 10 min 停止考试				
总　　分		100					
评分人员签字			鉴定日期				

知识拓展

螺纹切削复合循环指令 G76

1. 格式

$$G76 \quad P(m)(r)(\alpha) \quad Q(\Delta d_{min}) \quad R(d);$$
$$G76 \quad X(U)\underline{\quad} \quad Z(W)\underline{\quad} \quad R(i) \quad P(k) \quad Q(\Delta d) \quad F(L);$$

2. 说明

（1）m：精车重复次数，从 01～99，用两位数表示。

（2）r：螺纹尾端倒角值，该值的大小可设置为 $0.0～9.9 L$（导程），系数应为 0.1 的整倍数，用 00～99 之间的两位整数表示。

（3）α：刀尖角度，可从 80°、60°、55°、30°、29°、0°六个角度中选择，用两位整数表示。

（4）Δd_{min}：最小车削深度，用半径编程指定，单位为 μm。

（5）d：精车余量，用半径编程指定，单位为 mm。

（6）X(U)、Z(W)：螺纹终点绝对坐标（或增量坐标）。

（7）i：螺纹锥度值，用半径编程指定；如果 $i=0$ 则为圆柱螺纹，可省略。

（8）k：螺纹高度，用半径编程指定，单位为 μm。

（9）Δd：第一次车削深度，用半径编程指定，单位为 μm。

（10）L：螺纹的导程。

G76 指令中各参数之间的关系如图 4-2 所示。

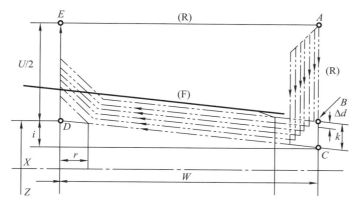

图 4-2　G76 指令中各参数之间的关系

思考与练习

根据图 4-3 的要求,完成螺栓的加工练习。

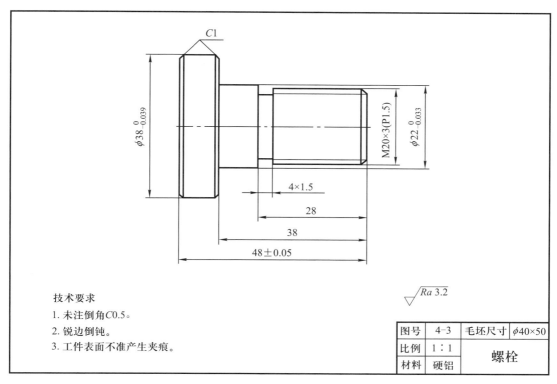

技术要求

1. 未注倒角 C0.5。
2. 锐边倒钝。
3. 工件表面不准产生夹痕。

图号	4-3	毛坯尺寸	$\phi40\times50$
比例	1:1		螺栓
材料	硬铝		

图 4-3　螺栓

项目五　车削复杂阶梯轴零件

项目简介

通过复杂阶梯轴零件的加工,理解 G71、G70 指令的含义并能准确应用,进一步熟悉数控车床的操作。

相关知识

(一) 外/内径粗车复合循环指令 G71

1. 格式

$$G71 \quad U(\Delta d) \quad R(e);$$
$$G71 \quad P(ns) \quad Q(nf) \quad U(\Delta u) \quad W(\Delta w) \quad F(f);$$

2. 说明

(1) Δd:每次背吃刀量(无正负号,半径值);

(2) e:每次切削循环退刀量(无正负号,半径值);

(3) ns:指定工件由 A 点到 B 点的精加工路线的第一个程序段的顺序号;

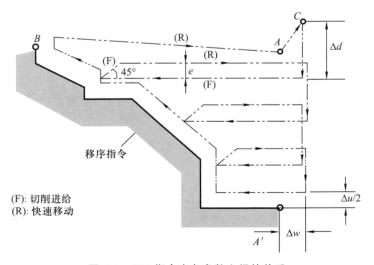

图 5-1　G71 指令中各参数之间的关系

（4）nf：指定工件由 A 点到 B 点的精加工路线的最后一个程序段的顺序号；

（5）Δu：X 方向的精车余量（直径值），外径为正，内径为负；

（6）Δw：Z 方向的精车余量；

（7）f：进给量。

在 A 点到 B 点的第一个程序段中不得出现 Z 轴指令。

G71 指令中各参数之间的关系如图 5-1 所示。

（二）精车循环指令 G70

1. 格式

$$G70\quad P(ns)\quad Q(nf)\quad F(f)\quad S(s);$$

2. 说明

（1）当用 G71 指令对工件进行粗加工之后，可以用 G70 指令完成精车循环；

（2）ns 是指定精加工路线的第一个程序段的顺序号；

（3）nf 是指定精加工路线的最后一个程序段的顺序号；

（4）在顺序号 ns 到 nf 之间指令的地址 F、S 对 G70 的程序段有效。

操作训练

（一）任务

通过加工图 5-2 所示的复杂阶梯轴一，理解 G71、G70 指令的含义并能准确应用，进一

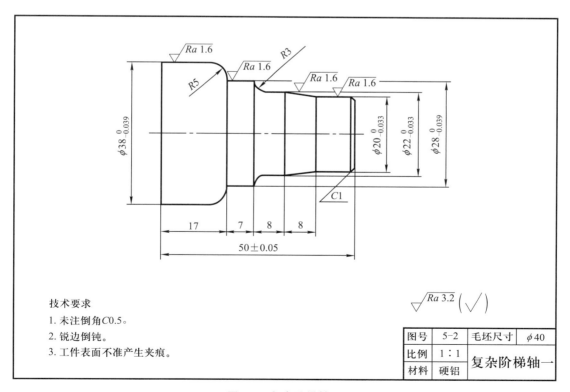

技术要求

1. 未注倒角C0.5。
2. 锐边倒钝。
3. 工件表面不准产生夹痕。

$$\sqrt{Ra\,3.2}\ \left(\sqrt{}\right)$$

图号	5-2	毛坯尺寸	$\phi40$
比例	1:1		
材料	硬铝	复杂阶梯轴一	

图 5-2　复杂阶梯轴一

步熟悉数控车床的操作。

（二）任务分析

1. 图样分析

本任务所用实训材料为硬铝，直径为 $\phi40$，要求应用 G71 指令完成粗加工，用 G70 指令完成精加工。

2. 工时定额

总工时：70 min。

（1）编程时间：25 min。

（2）操作时间：45 min。

3. 工艺分析

（1）夹持毛坯外圆，伸出长度 70，手动方式车端面。

（2）用 G71 指令粗车工件外轮廓。

（3）用 G70 指令精车工件外轮廓。

（4）手动切断工件。

（5）调头装夹，手动方式车端面，控制长度为 50 ± 0.05。

（三）任务准备

1. 材料

硬铝，$\phi40$ 圆棒料。

2. 量具

本任务使用的量具见表 5-1。

表 5-1　量具

序号	名　　称	规　　格	单位	数量
1	游标卡尺	0～150 mm/0.02 mm	把	1
2	外径千分尺	0～25 mm/0.01 mm	把	1
3	外径千分尺	25～50 mm/0.01 mm	把	1
4	R 规	$R1\sim R14$	把	1

3. 刀具

本任务使用的刀具见表 5-2。

表 5-2　刀具

序号	刀具号	刀具规格名称	数量	用　　途
1	T0101	35°外圆车刀	1	粗、精车外圆
2		切断刀	1	切断工件

4. 工具

刀架扳手、卡盘扳手、垫刀片、扳手等。

（四）任务实施过程

1. 编制加工程序

加工程序见表 5-3。

表 5-3　复杂阶梯轴一加工程序

程序段号	程　　序	注　　释
	O0401；	程序名
N0010	G21 G40 G97 G99 T0100；	设置加工前准备参数
N0020	T0101 M03 S1500；	选择 1 号刀、1 号刀补；主轴正转，转速 1 500 r/min
N0030	G00 X42 Z1；	刀具快速移动到加工起点
N0040	G71 U2 R0.5；	调用 G71 指令粗车外轮廓
N0050	G71 P60 Q150 U0.5 W0.1 F0.2；	
N0060	G00 X16；	外轮廓加工轨迹
N0070	G01 X20 Z-1；	
N0080	Z-12；	
N0090	X22 Z-20；	
N0100	Z-25；	
N0110	G02 X28 Z-28 R3；	
N0120	G01 Z-35；	
N0130	G03 X38 Z-40 R5；	
N0140	G01 Z-52；	
N0150	G00 X42；	
N0160	G70 P60 Q150 F0.1；	调用 G70 指令精车外轮廓
N0170	G00 X200 Z200；	刀具快速退到换刀点
N0180	M30；	程序结束并返回

2. 加工步骤

（1）开机，返回机床参考点；

（2）安装工件和刀具；

（3）输入加工程序，编辑修改；

（4）锁住机床，试运行程序；

（5）采用试切法对刀，输入刀补值；

（6）自动运行程序，加工工件（预留加工修正余量）；

（7）测量工件实际尺寸，修改刀补值后再加工；

（8）工件检测合格后完成加工。

（五）任务检测与评价（表 5-4）

表 5-4　复杂阶梯轴一车削任务检测与评价表

姓　　名		准考证号			得　　分		
单　　位			考题名称		复杂阶梯轴一		
考试时间	70 min	实际时间			自　　时　　分起至　　时　　分		
序号	考核内容及要求	配分	评分标准			检测结果	得分
1	编程、调试熟练程度	10	程序思路清晰、可读性强,模拟调试纠错能力强				
2	操作熟练程度	10	试切对刀、建立工件坐标系操作熟练				
3	外形	10	工件外形有缺陷酌情扣分				
4	$\phi 38_{-0.039}^{0}$	10	超差不得分				
5	$\phi 28_{-0.039}^{0}$	10	超差不得分				
6	$\phi 22_{-0.033}^{0}$	10	超差不得分				
7	$\phi 20_{-0.033}^{0}$	10	超差不得分				
8	50 ± 0.05	10	超差不得分				
9	C1	5	超差不得分				
10	$Ra1.6$(4 处)	10	大于 $Ra1.6$,每处扣 2.5 分				
11	$Ra3.2$	5	大于 $Ra3.2$,每处扣 1 分				
12	安全文明生产		违者酌情扣 5～10 分,严重者取消考试				
13	考核时间		超时 5 min 扣 3 分,超时 10 min 停止考试				
总　　分		100					
评分人员签字			鉴定日期				

▶ 知识拓展

外/内径车削循环指令 G90

1. 格式

　　　　G90　X(U)__　Z(W)__　F__;　　　表示圆柱面车削循环
　　　　G90　X(U)__　Z(W)__　R__　F__;表示圆锥面车削循环

2. 说明

（1）X、Z 为终点绝对值坐标,U、W 为终点相对于起点坐标值的增量;

（2）F 为指定的进给速度;

（3）R 为圆锥体大、小端的半径差值,编程时要注意 R 的符号,当锥面起点坐标大于终点坐标时 R 为正,反之为负。

G90 指令可用来车削外径,也可用来车削内径。

G90 指令中各参数之间的关系如图 5-3 所示。

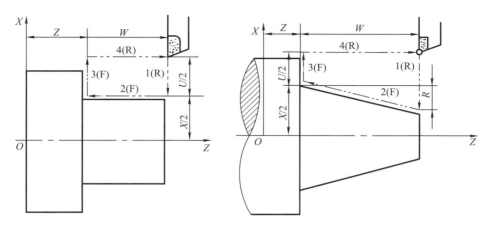

图 5-3　G90 指令中各参数之间的关系

思考与练习

根据图 5-4 的要求,完成复杂阶梯轴二的加工练习。

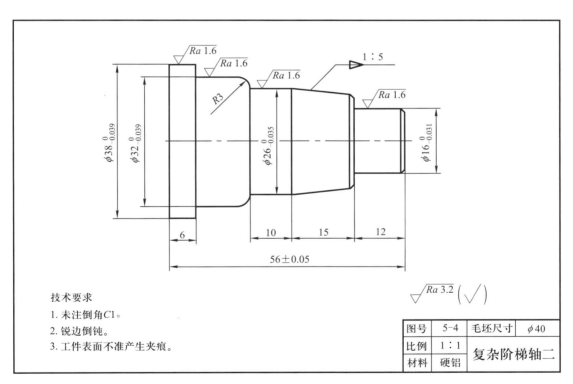

技术要求

1. 未注倒角C1。
2. 锐边倒钝。
3. 工件表面不准产生夹痕。

图号	5-4	毛坯尺寸	$\phi 40$
比例	1:1		复杂阶梯轴二
材料	硬铝		

图 5-4　复杂阶梯轴二

项目六　车削盘类零件

项目简介

通过盘类零件的加工,理解 G72 指令的含义并能准确应用,进一步熟悉数控车床的操作。

相关知识

1. 格式

$$G72 \quad W(\Delta d) \quad R(e);$$

$$G72 \quad P(ns) \quad Q(nf) \quad U(\Delta u) \quad W(\Delta w) \quad F(f);$$

2. 说明

（1）Δd:每次背吃刀量(无正负号);

（2）e:每次切削循环退刀量(无正负号);

（3）ns:指定工件由 A 点到 B 点的精加工路线的第一个程序段的顺序号;

（4）nf:指定工件由 A 点到 B 点的精加工路线的最后一个程序段的顺序号;

（5）Δu:X 方向上的精车余量(直径值),外径为正,内径为负;

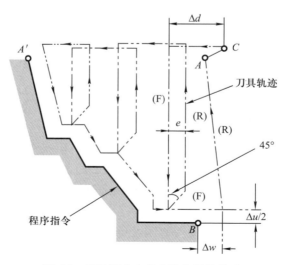

图 6-1　G72 指令中各参数之间的关系

（6）Δw：Z 方向上的精车余量；

（7）f：进给量；

在 A 点到 B 点的第一个程序段中不得出现 X 轴指令。

G72 指令中各参数之间的关系如图 6-1 所示。

操作训练

（一）任务

通过加工图 6-2 所示的阶梯盘一，理解 G72 指令的含义并能准确应用，进一步熟悉数控车床的操作。

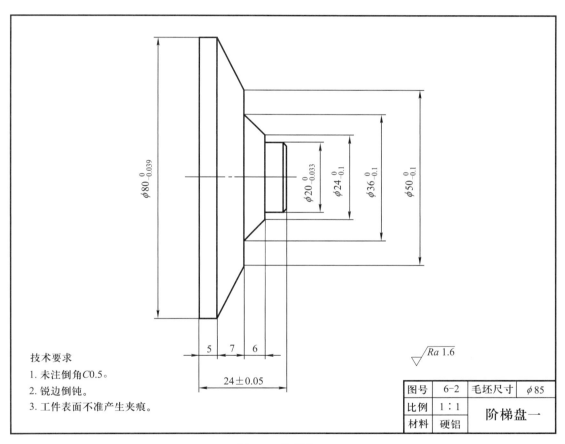

技术要求

1. 未注倒角C0.5。
2. 锐边倒钝。
3. 工件表面不准产生夹痕。

$\sqrt{Ra\,1.6}$

图号	6-2	毛坯尺寸	$\phi85$
比例	1：1		阶梯盘一
材料	硬铝		

图 6-2 阶梯盘一

（二）任务分析

1. 图样分析

本任务所用实训材料为硬铝，直径为 $\phi85$，要求应用 G72 指令完成粗加工，用 G70 指令完成精加工。

2．工时定额

总工时：70 min。

（1）编程时间：25 min。

（2）操作时间：45 min。

3．工艺分析

（1）夹持毛坯外圆，伸出长度 40；手动方式车端面。

（2）用 G72 指令粗车工件外轮廓。

（3）用 G70 指令精车工件外轮廓。

（4）手动切断工件。

（5）调头装夹 $\phi20$ 外圆，手动方式车端面，控制长度为 24 ± 0.05。

（三）任务准备

1．材料

硬铝，$\phi85$ 圆棒料。

2．量具

本任务使用的量具见表 6-1。

表 6-1　量具

序号	名　　称	规　　格	单位	数量
1	游标卡尺	0～150 mm/0.02 mm	把	1
2	外径千分尺	25～50 mm/0.01 mm	把	1
3	外径千分尺	50～75 mm/0.01 mm	把	1
4	外径千分尺	75～100 mm/0.01 mm	把	1

3．刀具

本任务使用的刀具见表 6-2。

表 6-2　刀具

序号	刀具号	刀具规格名称	数量	用　　途
1	T0101	端面车刀	1	粗、精车端面
2		切断刀	1	切断工件

4．工具

刀架扳手、卡盘扳手、垫刀片、扳手等。

（四）任务实施过程

1．编制加工程序

加工程序见表 6-3。

表 6-3 阶梯盘一加工程序

程序段号	程 序	注 释
	O0401；	程序名
N0010	G21 G40 G97 G99 T0100；	设置加工前准备参数
N0020	T0101 M03 S1000；	选择 1 号刀，1 号刀补；主轴正转，转速 1 000 r/min
N0030	G00 X88 Z1；	刀具快速移动到加工起点
N0040	G72 W2 R0.5；	调用 G72 指令粗车外轮廓
N0050	G72 P60 Q140 U0.3 W0.5 F0.15；	
N0060	G00 Z-26；	外轮廓加工轨迹
N0070	G01 X80；	
N0080	Z-19；	
N0090	X50 Z-12；	
N0100	X36；	
N0110	X24 Z-6；	
N0120	X20；	
N0130	Z-0.5；	
N0140	X18 Z0.5；	
N0150	G70 P60 Q140 F0.1；	调用 G70 指令精车外轮廓
N0160	X200 Z200；	刀具快速退到换刀点
N0170	M30；	程序结束并返回

2. 加工步骤

（1）开机，返回机床参考点；

（2）安装工件和刀具；

（3）输入加工程序，编辑修改；

（4）锁住机床，试运行程序；

（5）采用试切法对刀，输入刀补值；

（6）自动运行程序，加工工件（预留加工修正余量）；

（7）测量工件实际尺寸，修改刀补值后再加工；

（8）手动切断工件，控制长度 24±0.05；

（9）工件检测合格后完成加工。

（五）任务检测与评价（表 6-4）

表 6-4　阶梯盘一加工任务检测与评价表

姓　　名		准考证号			得　　分		
单　　位			考题名称		阶梯盘一		
考试时间	70 min	实际时间			自　　时　　分起至　　时　　分		
序号	考核内容及要求	配分	评分标准			检测结果	得分
1	编程、调试熟练程度	10	程序思路清晰、可读性强,模拟调试纠错能力强				
2	操作熟练程度	10	试切对刀,建立工件坐标系操作熟练				
3	外形	10	工件外形有缺陷酌情扣分				
4	$\phi 80_{-0.039}^{0}$	10	超差不得分				
5	$\phi 50_{-0.1}^{0}$	8	超差不得分				
6	$\phi 36_{-0.1}^{0}$	8	超差不得分				
7	$\phi 24_{-0.1}^{0}$	8	超差不得分				
8	$\phi 20_{-0.033}^{0}$	10	超差不得分				
9	24 ± 0.05	10	超差不得分				
10	C0.5	6	超差不得分				
11	$Ra1.6$	10	大于 $Ra1.6$,每处扣 1 分				
12	安全文明生产		违者酌情扣 5~10 分,严重者取消考试				
13	考核时间		超时 5 min 扣 3 分,超时 10 min 停止考试				
总　　分		100					
评分人员签字			鉴定日期				

知识拓展

端面车削循环指令 G94

1.格式

　　　　G94　X(U)＿　Z(W)＿　F＿；　　　表示直端面车削循环

　　　　G94　X(U)＿　Z(W)＿　R＿　F＿；表示圆锥端面车削循环

2.说明

（1）X、Z:终点坐标；

（2）U、W:终点相对于起点坐标值的增量；

（3）F:指定的进给速度；

（4）R:圆锥体 Z 轴方向的差值,编程时要注意 R 的符号,确定方法是圆锥面起点坐标减终点坐标。

G94 指令中各参数之间的关系如图 6-3 所示。

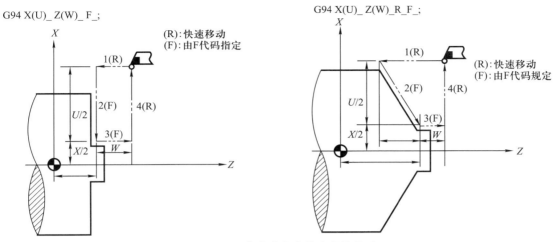

图 6-3　G94 指令中各参数之间的关系

思考与练习

根据图 6-4 的要求，完成阶梯盘二的加工练习。

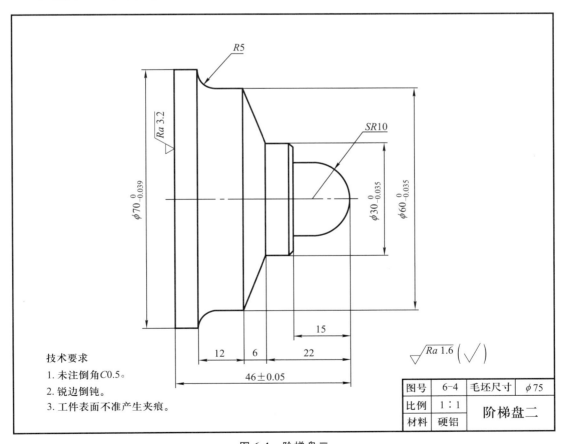

技术要求

1. 未注倒角C0.5。
2. 锐边倒钝。
3. 工件表面不准产生夹痕。

图号	6-4	毛坯尺寸	φ75
比例	1:1	阶梯盘二	
材料	硬铝		

图 6-4　阶梯盘二

项目七 车削成形面零件

项目简介

通过加工成形面零件,理解 G73 指令的含义并能准确应用,进一步熟悉数控车床的操作。

相关知识

1. 格式

    G73 U(Δi) W(Δk) R(d);

    G73 P(ns) Q(nf) U(Δu) W(Δw) F(f);

2. 说明

(1) Δi:X 轴方向退刀距离及方向(半径指定);

(2) Δk:Z 轴方向退刀距离及方向;

(3) d:分割次数;

(4) ns:指定工件由 A 点到 B 点的精加工路线的第一个程序段的顺序号;

(5) nf:指定工件由 A 点到 B 点的精加工路线的最后一个程序段的顺序号;

(6) Δu:X 方向上的精车余量(直径值),外径为正,内径为负;

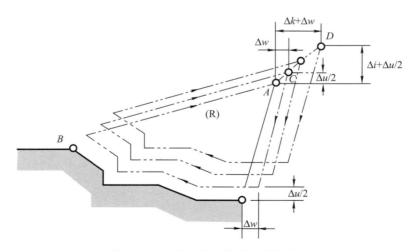

图 7-1 G73 指令中各参数之间的关系

（7）Δw：Z 方向上的精车余量；

（8）f：进给量。

G73 指令中各参数之间的关系如图 7-1 所示。

操作训练

（一）任务

通过加工图 7-2 所示的葫芦，理解 G73 指令的含义并能准确应用，进一步熟悉数控车床的操作。

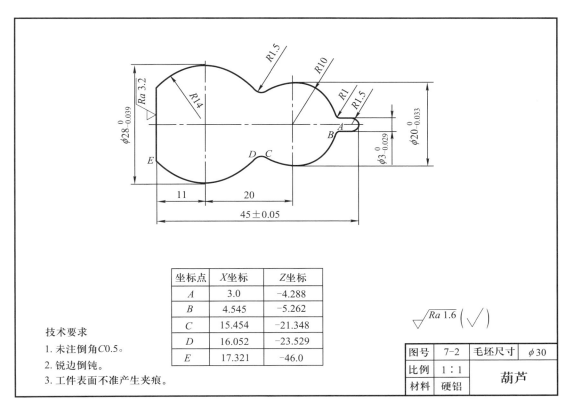

坐标点	X坐标	Z坐标
A	3.0	-4.288
B	4.545	-5.262
C	15.454	-21.348
D	16.052	-23.529
E	17.321	-46.0

技术要求

1. 未注倒角$C0.5$。
2. 锐边倒钝。
3. 工件表面不准产生夹痕。

图号	7-2	毛坯尺寸	$\phi 30$
比例	1：1		**葫芦**
材料	硬铝		

图 7-2　葫芦

（二）任务分析

1. 图样分析

本任务所用实训材料为硬铝，直径为 $\phi 30$，要求应用 G73 指令完成粗加工，用 G70 指令完成精加工。

2. 工时定额

总工时：70 min。

（1）编程时间：25 min。

（2）操作时间：45 min。

3．工艺分析

（1）夹持毛坯外圆，伸出长度 40；手动方式车端面。

（2）用 G73 指令粗车工件外轮廓。

（3）用 G70 指令精车工件外轮廓。

（4）手动切断工件，控制长度为 45±0.05。

（三）任务准备

1．材料

硬铝，ϕ30 圆棒料。

2．量具

本任务所用量具见表 7-1。

表 7-1　量具

序号	名　　称	规　　格	单位	数量
1	游标卡尺	0～150 mm/0.02 mm	把	1
2	外径千分尺	25～50 mm/0.01 mm	把	1
3	外径千分尺	50～75 mm/0.01 mm	把	1
4	R 规	$R1～R14$	把	1

3．刀具

本任务所使用的刀具见表 7-2。

表 7-2　刀具

序号	刀具号	刀具规格名称	数量	用　　途
1	T0101	35°外圆车刀	1	粗、精车外圆
2		切断刀	1	切断工件

4．工具

刀架扳手、卡盘扳手、垫刀片、扳手等。

（四）任务实施过程

1．编制加工程序

加工程序见表 7-3。

表 7-3　葫芦加工程序

程序段号	程　　序	注　　释
	O0401；	程序名
N0010	G21 G40 G97 G99 T0100；	设置加工前准备参数
N0020	T0101 M03 S1800；	选择 1 号刀、1 号刀补；主轴正转，转速 1 800 r/min
N0030	G00 X32 Z1；	刀具快速移动到加工起点
N0040	G73 U14 R15；	调用 G73 指令粗车外轮廓
N0050	G73 P60 Q140 U0.2 F0.15；	

续　表

程序段号	程　　序	注　　释
N0060	G00 X0;	
N0070	G01 Z0;	
N0080	G03 X3 Z-1.5 R1.5;	
N0090	G01 Z-4.288;	
N0100	G02 X4.545 Z-5.262 R1;	外轮廓加工轨迹
N0110	G03 X15.454 Z-21.348 R10;	
N0120	G02 X16.052 Z-23.529 R1.5;	
N0130	G03 X17.321 Z-46 R14;	
N0140	G01 Z-48;	
N0150	G70 P60 Q140 F0.1;	调用 G70 指令精车外轮廓
N0160	G00 X200 Z200;	刀具快速退到换刀点
N0170	M30;	程序结束并返回

2. 加工步骤

（1）开机,返回机床参考点;

（2）安装工件和刀具;

（3）输入加工程序,编辑修改;

（4）锁住机床,试运行程序;

（5）采用试切法对刀,输入刀补值;

（6）自动运行程序,加工工件(预留加工修正余量);

（7）测量工件实际尺寸,修改刀补值后再加工;

（8）切断工件,控制长度为 45±0.05;

（9）工件检测合格后完成加工。

（五）任务检测与评价（表 7-4）

表 7-4　葫芦加工任务检测与评价表

姓　　名		准考证号			得　　分		
单　　位			考题名称		葫芦		
考试时间	70 min	实际时间			自　　时　　分起至　　时　　分		
序号	考核内容及要求	配分		评分标准		检测结果	得分
1	编程、调试熟练程度	10		程序思路清晰、可读性强,模拟调试纠错能力强			
2	操作熟练程度	10		试切对刀,建立工件坐标系操作熟练			
3	外形	30		用 R 规检测,外形缺陷酌情扣分			
4	$\phi 28^{0}_{-0.039}$	10		超差不得分			

续　表

序号	考核内容及要求	配分	评分标准	检测结果	得分
5	$\phi 20_{-0.033}^{0}$	10	超差不得分		
6	$\phi 3_{-0.029}^{0}$	10	超差不得分		
7	45 ± 0.05	10	超差不得分		
8	$Ra1.6$	10	大于 $Ra1.6$,每处扣 1 分		
9	安全文明生产		违者酌情扣 5～10 分,严重者取消考试		
10	考核时间		超时 5 min 扣 3 分,超时 10 min 停止考试		
总　分		100			
评分人员签字			鉴定日期		

知识拓展

暂停指令 G04

1. 格式

　　　　G04　P(X)＿；

2. 说明

(1) P 后的值是暂停时间,单位为 ms;X 后的值是暂停时间,单位为 s。

(2) G04 在前一程序段的进给速度降到零之后才开始暂停动作。在执行含 G04 指令的程序段时,先执行暂停功能。G04 为非模态指令,仅在其被规定的程序段中有效。

思考与练习

根据图 7-3 的要求,完成圆把手加工练习。

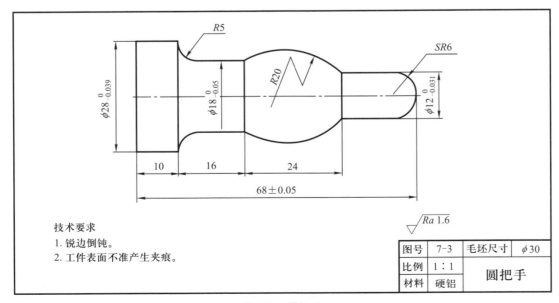

技术要求
1. 锐边倒钝。
2. 工件表面不准产生夹痕。

$\sqrt{}\ Ra1.6$

图号	7-3	毛坯尺寸	$\phi 30$
比例	1:1		**圆把手**
材料	硬铝		

图 7-3　圆把手

项目八 车削径向槽类零件

项目简介

通过径向槽类零件的加工,理解 G75 指令的含义并能准确应用,进一步熟悉数控车床的操作。

相关知识

外圆、内孔切槽循环指令 G75

1. 格式

   G75 R(e);

   G75 X(U)__ Z(W)__ P(Δi) Q(Δk) R(Δd) F(f);

2. 说明

(1) e:每次沿 X 方向切削后的退刀量;

(2) X、Z:X、Z 方向槽总宽和槽深的绝对坐标值;

(3) U、W:增量坐标值;

(4) Δi:X 方向每次的背吃刀量(无符号,单位为 μm,直径);

(5) Δk:Z 方向每次的移动间距(无符号,单位为 μm);

(6) Δd:切削到终点时 Z 方向的退刀量,通常不指定,省略 Z(W) 和 Δk 时,则视为 0;

(7) f:进给量。

G75 指令中各参数之间的关系如图 8-1 所示。

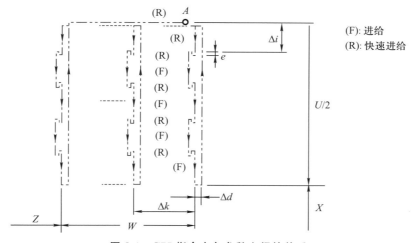

图 8-1 G75 指令中各参数之间的关系

操作训练

（一）任务

通过加工图 8-2 所示的切槽轴，理解 G75 指令的含义并能准确应用，进一步熟悉数控车床的操作。

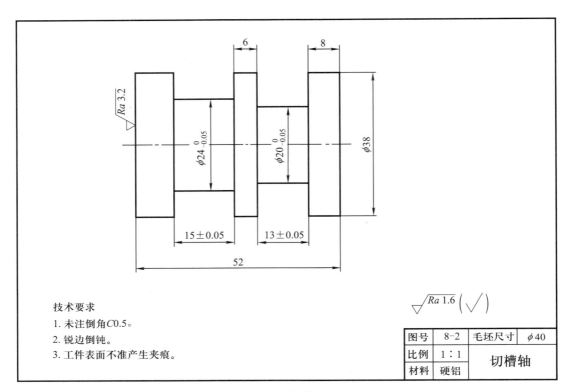

图 8-2　切槽轴

（二）任务分析

1. 图样分析

本任务所用实训材料为硬铝，直径为 $\phi40$，已完成工件外圆的粗加工，要求应用 G75 指令完成零件的切槽加工。

2. 工时定额

总工时：60 min。

（1）编程时间：20 min。

（2）操作时间：40 min。

3. 工艺分析

（1）夹持毛坯外圆，伸出长度 65；手动方式车端面。

（2）用 G75 指令分别切 $\phi20$ 与 $\phi24$ 槽。

（3）手动切断工件。

（4）调头装夹，手动方式车端面，控制长度为52。

(三) 任务准备

1. 材料

硬铝，ϕ40 圆棒料。

2. 量具

本任务所使用的量具见表8-1。

表 8-1　量具

序号	名　称	规　格	单位	数量
1	游标卡尺	0～150 mm/0.02 mm	把	1
2	外径千分尺	0～25 mm/0.01 mm	把	1
3	外径千分尺	25～50 mm/0.01 mm	把	1
4	带表游标卡尺	0～150 mm/0.02 mm	把	1

3. 刀具

本任务所使用的刀具见表8-2。

表 8-2　刀具

序号	刀具号	刀具规格名称	数量	用　途
1	T0101	3 mm 切槽刀	1	切槽
2		切断刀	1	切断工件

4. 工具

刀架扳手、卡盘扳手、垫刀片、扳手等。

(四) 任务实施过程

1. 编制加工程序

加工程序见表8-3。

表 8-3　切槽轴加工程序

程序段号	程　序	说　明
	O0401;	程序名
N0010	G21 G40 G97 G99 T0100;	设置加工前准备参数
N0020	T0101 M03 S800;	选择 1 号刀、1 号刀补；主轴正转，转速 800 r/min
N0030	G00 X42 Z-11;	刀具快速移动到 ϕ20 槽加工起点
N0040	G75 R0.5;	切 ϕ20 槽
N0050	G75 X20 Z-21 P5000 Q2500 F0.1;	

程序段号	程　　序	说　　明
N0060	G00 Z-30;	刀具快速移动到 $\phi24$ 槽加工起点
N0070	G75 R0.5;	切 $\phi24$ 槽
N0080	G75 X24 Z-42 P5000 Q2500 F0.1;	
N0090	G00 X200 Z200;	刀具快速退到换刀点
N0100	M30;	程序结束并返回

注意:本程序的切槽指令按照切槽刀的左刀尖编程。

2. 加工步骤

(1) 开机,返回机床参考点;

(2) 安装工件和刀具;

(3) 输入加工程序,编辑修改;

(4) 锁住机床,试运行程序;

(5) 采用试切法对刀,输入刀补值;

(6) 自动运行程序,加工工件(预留加工修正余量);

(7) 测量工件实际尺寸,修改刀补值后再加工;

(8) 工件检测合格后完成加工。

(五) 任务检测与评价 (表 8-4)

表 8-4　切槽轴加工任务检测与评价表

姓　　名		准考证号				得　　分		
单　　位			考题名称			切槽轴		
考试时间	60 min	实际时间			自　　时　　分起至　　时　　分			
序号	考核内容及要求	配分		评分标准			检测结果	得分
1	编程、调试熟练程度	10		程序思路清晰、可读性强,模拟调试纠错能力强				
2	操作熟练程度	10		试切对刀,建立工件坐标系操作熟练				
3	外形	10		工件外形有缺陷酌情扣分				
4	$\phi24_{-0.05}^{0}$	15		超差不得分				
5	$\phi20_{-0.05}^{0}$	15		超差不得分				
6	15 ± 0.05	15		超差不得分				
7	13 ± 0.05	15		超差不得分				
8	$Ra1.6$	10		大于 $Ra1.6$,每处扣 1 分				
9	安全文明生产			违者酌情扣 5~10 分,严重者取消考试				
10	考核时间			超时 5 min 扣 3 分,超时 10 min 停止考试				
总　　分		100						
评分人员签字			鉴定日期					

> **知识拓展**

端面切槽循环指令 G74

1. 格式

　　G74　R(e)；
　　G74　X(U)＿ Z(W)＿ P(Δi)　Q(Δk)　R(Δd)　F(f)；

2. 说明

（1）e：每次沿 Z 方向切削后的退刀量；

（2）X、Z：X、Z 方向槽总宽和槽深的绝对坐标值；

（3）U、W：增量坐标值；

（4）Δi：X 方向的移动间距（无符号，单位为 μm，直径）；

（5）Δk：Z 方向每次的背吃刀量（无符号，单位为 μm）；

（6）Δd：切削到终点时 X 方向的退刀量，通常不指定，如果 X(U) 及 Δi 省略，则视为 0；

（7）f：进给量。

G74 指令中各参数之间的关系如图 8-3 所示。

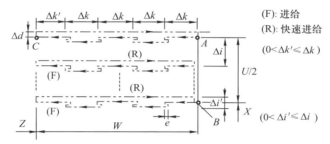

图 8-3　G74 指令中各参数之间的关系

> **思考与练习**

根据图 8-4 的要求，完成切槽套加工练习。

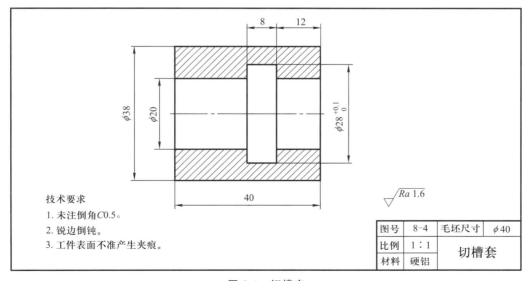

图 8-4　切槽套

项目九　车削均布沟槽零件

> **项目简介**

　　通过加工均布槽轴,理解子程序调用指令 M98、M99 的含义并能准确应用,进一步熟悉数控车床的操作。

> **相关知识**

　　子程序调用指令 M98、M99

　　1. 格式

$$M98 \quad P\times\times\times \quad \times\times\times\times; \quad 调用子程序$$
$$M99 \quad ; \quad\quad\quad\quad\quad\quad\quad 子程序结束$$

　　2. 说明

　　(1) M98 是调用子程序指令;×××为子程序调用次数,系统允许调用的最大次数为999 次;××××为子程序的号。如果 P 后面的数字少于或等于四位,系统认为是子程序号,重复次数为 1 次。

　　(2) 系统允许子程序调用可以嵌套 4 重。

　　(3) M99 表示子程序结束并返回主程序。

　　(4) 如果在主程序中执行 M99 指令,则返回到主程序的开头,然后从主程序的开头重复执行。

> **操作训练**

　　(一) 任务

　　通过加工图 9-1 所示均布槽轴,理解 M98、M99 指令的含义并能准确应用,进一步熟悉数控车床的操作。

　　(二) 任务分析

　　1. 图样分析

　　本任务所用实训材料为硬铝,直径为 $\phi40$,已完成工件外圆的粗加工,要求应用子程序调用指令 M98、M99 完成零件的切槽加工。

　　2. 工时定额

　　总工时:70 min。

　　(1) 编程时间:25 min。

（2）操作时间：45 min。

3. 工艺分析

（1）夹持毛坯外圆，伸出长度 120；手动方式车端面，钻中心孔。

（2）精车 $\phi30$、$\phi38$ 外圆。

（3）用子程序调用指令 M98、M99 完成零件的切槽加工。

（4）手动切断工件。

（5）调头装夹，手动方式车端面，控制长度为 110。

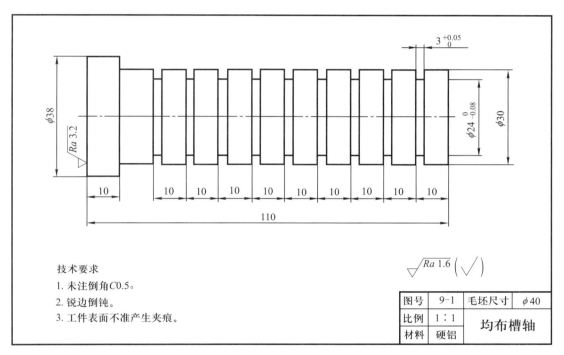

图 9-1　均布槽轴

（三）任务准备

1. 材料

硬铝，$\phi40$ 圆棒料。

2. 量具

本任务所使用的量具见表 9-1。

表 9-1　量具

序号	名　称	规　格	单位	数量
1	游标卡尺	0～150 mm/0.02 mm	把	1
2	外径千分尺	25～50 mm/0.01 mm	把	1
3	带表游标卡尺	0～150 mm/0.02 mm	把	1

3．刀具

本任务所使用的刀具见表 9-2。

表 9-2　刀具

序号	刀具号	刀具规格名称	数量	用　途
1		中心钻 A3	1	钻中心孔
2	T0101	3 mm 切槽刀	1	切槽
3		切断刀	1	切断工件

4．工具

刀架扳手、卡盘扳手、垫刀片、扳手等。

（四）任务实施过程

1．编制加工程序

主程序参考表 9-3。

表 9-3　均布槽轴加工主程序

程序段号	程　　　序	说　　　明
	O1001；	程序名
N0010	G21 G40 G97 G99 T0100；	设置加工前准备参数
N0020	T0101 M03 S800；	选择 1 号刀，1 号刀补；主轴正转，转速 800 r/min
N0030	G00 X32 Z0；	刀具快速移动到加工起点
N0040	M98 P91011；	调用 9 次 O1011 切槽子程序
N0120	G00 X200 Z200；	刀具快速退到换刀点
N0130	M30；	程序结束并返回

子程序参考表 9-4。

表 9-4　均布槽轴加工子程序

程序段号	程　　　序	说　　　明
	O1011；	程序名
N0010	G00 W-10；	切槽刀向 Z 轴负方向移动 10 mm
N0020	G01 U-8 F0.08；	切槽
N0030	G04 X0.15；	暂停 0.15 s
N0040	G00 U8；	沿 X 轴正向退刀
N0050	M99；	子程序结束，返回主程序

注意：本程序的切槽指令按照切槽刀的左刀尖编程。

2. 加工步骤

（1）开机，返回机床参考点；

（2）安装工件和刀具；

（3）输入加工程序，编辑修改；

（4）锁住机床，试运行程序；

（5）采用试切法对刀，输入刀补值；

（6）自动运行程序，加工工件（预留加工修正余量）；

（7）测量工件实际尺寸，修改刀补值后再加工；

（8）工件检测合格后完成加工。

（五）任务检测与评价（表 9-5）

表 9-5　均布槽轴加工任务检测与评价表

姓　　名		准考证号			得　　分		
单　　位			考题名称		均布槽轴		
考试时间	70 min	实际时间		自　　时　　分起至　　时　　分			
序号	考核内容及要求	配分	评分标准			检测结果	得分
1	编程、调试熟练程度	10	程序思路清晰、可读性强，模拟调试纠错能力强				
2	操作熟练程度	10	试切对刀，建立工件坐标系操作熟练				
3	外形	10	工件外形有缺陷酌情扣分				
4	$\phi 24_{-0.08}^{0}$（9 处）	27	每处超差扣 3 分				
5	$3_{0}^{+0.05}$（9 处）	27	每处超差扣 3 分				
6	$Ra1.6$	16	大于 $Ra1.6$，每处扣 2 分				
7	安全文明生产		违者酌情扣 5～10 分，严重者取消考试				
8	考核时间		超时 5 min 扣 3 分，超时 10 min 停止考试				
总　　分		100					
评分人员签字			鉴定日期				

▶ 知识拓展

变螺距螺纹指令 G34

1. 格式

　　　　G34　X(U)__　Z(W)__　F__　K__；

2. 说明

（1）G34 指令能够切削螺距递增或递减的螺纹。

（2）绝对值编程时，X、Z 后的值为有效螺纹终点在工件坐标系中的坐标；增量值编程时，U、W 后的值为有效螺纹终点相对于螺纹切削起点的位移量。

（3）指令中用 F 指定螺纹在起点处的导程。

（4）K 为主轴每转螺距的增减量。

（5）其他同 G32 说明。

思考与练习

根据图 9-2 的要求，完成锥度均布槽轴的加工练习。

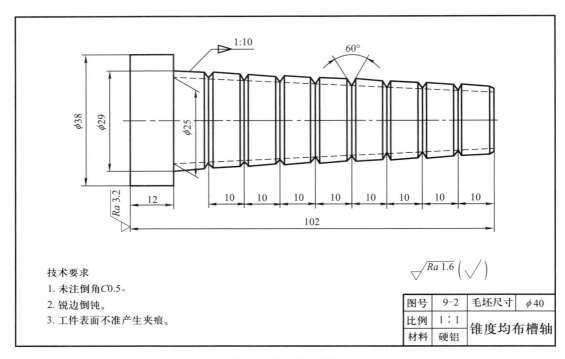

技术要求

1. 未注倒角C0.5。

2. 锐边倒钝。

3. 工件表面不准产生夹痕。

图号	9-2	毛坯尺寸	$\phi 40$
比例	1:1	锥度均布槽轴	
材料	硬铝		

图 9-2　锥度均布槽轴

项目十　车削椭圆面零件

项目简介

通过椭圆面零件的加工,能理解宏程序的基本知识并能编制非圆曲面零件的加工程序,进一步熟悉数控车床的操作。

相关知识

(一) 变量

1. 变量的表示

(1) 变量符号♯＋变量号,如♯10、♯1005 等。

(2) 表达式也可以用于指定变量号,需封闭在括号中,如♯[♯2－1]、♯[♯500/2]等。

2. 变量的类型(表 10-1)

(1) 空变量:该变量总是空,没有值能赋给该变量。

(2) 用户变量:包括局部变量和公共变量,用户可以单独使用,系统作为处理资料的一部分。

(3) 系统变量:用于系统内部运算时各种数据的存储。

表 10-1　变量的类型

变量号	变量类型	功　能
♯0	空变量	该变量总是空,没有值能赋给该变量
♯1～♯33	局部变量	局部变量只能用在宏程序中存储数据,例如运算结果。当断电时,局部变量被初始化为空。调用宏程序时,自变量对局部变量赋值
♯100～♯199 ♯500～♯999	公共变量	公共变量在不同的宏程序中意义相同。当断电时,变量♯100～♯199 初始化为空;变量♯500～♯999 的数据被保存,即使断电也不丢失
♯1000～	系统变量	系统变量用于读和写 CNC 运行时的各种数据,例如刀具的当前位置和补偿值

3. 变量值的范围

局部变量和公共变量可以取 $-10^{47} \sim -10^{-29}$、0、$10^{-29} \sim 10^{47}$。

4. 小数点的省略

当在程序中定义变量值时,小数点可以省略。

例:定义♯1＝123,♯1 的实际值是 123.000。

5. 变量的引用

（1）为在程序中使用变量,需要指定后跟变量的地址,即跟在地址后面的数值由变量或由表达式来代替。

例:G01 X10.0 F♯1;

　　G01 X[♯1+♯2] F♯1;

（2）被引用变量的值根据地址的最小设定单位自动取舍。

例:♯1＝12.345 6;

　　G00 X♯1;

机床实际执行的指令值为X12.346。

（3）改变引用变量值的符号,要把负号（－）放在♯的前面。

例:G00 X－♯1;

（4）当引用未定义的变量时,变量及地址都被忽略（表10-2）。

表 10-2　引用未定义变量

当♯1＝＜空＞时	当♯1＝0 时
G90 X100 Y♯1 ↓ G90 X100	G90 X100 Y♯1 ↓ G90 X100 Y0

（二）赋值

1. 定义

赋值是指将一个数据赋予一个变量,例♯1＝10 表示变量♯1的值是10。

2. 赋值规则

（1）赋值号两边内容不能随意互换,左边只能是变量,右边可以是变量、数值或表达式;

（2）一个赋值语句只能给一个变量赋值;

（3）可以多次向同一个变量赋值,新变量值取代原变量值;

（4）赋值语句具有运算功能,它的一般形式为变量＝表达式;

（5）在赋值运算中,表达式可以是变量自身与其他数据的运算结果;

（6）赋值表达式的运算顺序与数学运算顺序相同;

（7）不能用变量代表的地址符有O、N、:、/。

（三）算术和逻辑运算（表10-3）

表 10-3　算术和逻辑运算

功　　能	符　　号	格　　式	备　　注
定　　义	＝	♯i＝♯j	
加　　法	＋	♯i＝♯j＋♯k	
减　　法	－	♯i＝♯j－♯k	
乘　　法	＊	♯i＝♯j＊♯k	
除　　法	/	♯i＝♯j/♯k	

续　表

功　能	符　号	格　式	备　注
正　弦	SIN	$\sharp i=SIN[\theta]$	三角函数中 θ 的角度单位为(°)，如 $90°30'$ 表示为 $90.5°$
余　弦	COS	$\sharp i=COS[\theta]$	
正　切	TAN	$\sharp i=TAN[\theta]$	
反正弦	ASIN	$\sharp i=ASIN[c/a]$	
反余弦	ACOS	$\sharp i=ACOS[b/a]$	
反正切	ATAN	$\sharp i=ATAN[c]/[b]$	
平方根	SQRT	$\sharp i=SQRT[\sharp k]$	例：$\sharp 2=2$；$\sharp 1=SQRT[\sharp 2]$；则 $\sharp 1$ 值为 1.414
自然对数	LN	$\sharp i=LN[\sharp k]$	
指数函数	EXP	$\sharp i=EXP[\sharp k]$	
下取整	FIX	$\sharp i=FIX[\sharp k]$	
上取整	FUP	$\sharp i=FUP[\sharp k]$	
四舍五入	ROUND	$\sharp i=ROUND[\sharp k]$	
绝对值	ABS	$\sharp i=ABS[\sharp k]$	
或	OR	$\sharp i=\sharp jOR\sharp k$	
异或	XOR	$\sharp i=\sharp jXOR\sharp k$	
与	AND	$\sharp i=\sharp jAND\sharp k$	

（四）条件表达式（表 10-4）

表 10-4　条件表达式

表达式	含　义	英　文	备　注
$\sharp j$ EQ $\sharp k$	$\sharp j=\sharp k$	EQual	$\sharp j$ 和 $\sharp k$ 也可用＜表达式＞来代替
$\sharp j$ NE $\sharp k$	$\sharp j\neq\sharp k$	Not Equal	
$\sharp j$ GT $\sharp k$	$\sharp j>\sharp k$	Greater Than	
$\sharp j$ LT $\sharp k$	$\sharp j<\sharp k$	Less Than	
$\sharp j$ GE $\sharp k$	$\sharp j\geq\sharp k$	Greater or Equal	
$\sharp j$ LE $\sharp k$	$\sharp j\leq\sharp k$	Less or Equal	

注意：

（1）下取整（FIX）：舍去小数点以下部分。

（2）上取整（FUP）：将小数点后的部分进位到整数部分。

例：假定 $\sharp 1=1.2$，并且 $\sharp 2=-1.2$。

执行 $\sharp 3=FUP[\sharp 1]$ 时，2.0 赋值给 $\sharp 3$。

执行♯3＝FIX［♯1］时,1.0 赋值给♯3。

执行♯3＝FUP［♯2］时,－2.0 赋值给♯3。

执行♯3＝FIX［♯2］时,－1.0 赋值给♯3。

（3）ROUND 函数:在算术运算或逻辑运算指令中使用时,在第 1 个小数位置四舍五入;在 NC 语句地址中使用时,根据地址的最小设定单位将指定值四舍五入。

例:♯2＝1.234 5,执行♯1＝ROUND［♯2］时,♯1 的值是 1.0。

（4）混合运算时的运算顺序如下:

① 函数。

② 乘除运算(＊ 、/、AND)。

③ 加减运算(＋、－、OR、XOR)。

例:♯1＝♯2＋♯3 ＊ SIN［♯4］;

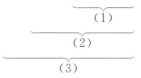

（5）括号［ ］改变运算顺序。括号［ ］可以使用 5 级,包括函数内部使用的括号。

例:♯6＝COS［［［♯5＋♯4］＊♯3＋♯2］＊♯1］;

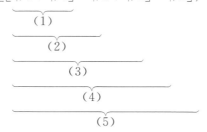

（五）转移与循环语句

1. 无条件转移(GOTO 语句)

无条件地转移到顺序号为 n 的程序段。

格式:GOTO n;

n:顺序号(1～9999)。

例:GOTO 10。

2. 条件转移(IF 语句)

在 IF 后指定一个条件,当条件满足时转移到顺序号为 n 的程序段,否则执行下一程序段。

格式:

例：计算数值 1～100 累加总和的宏程序如下。

    O0001;

    $\sharp 1 = 0$;

    $\sharp 2 = 1$;

    N1 IF〔$\sharp 2$ GT 100〕　GOTO 2;

    $\sharp 1 = \sharp 1 + \sharp 2$;

    $\sharp 2 = \sharp 2 + 1$;

    GOTO 1;

    N2 M30;

若满足＜条件表达式＞，执行 THEN 后的宏程序语句，只执行一个语句。

格式：IF　〔＜条件表达式＞〕　　　THEN;

例：IF　〔$\sharp 1$ EQ $\sharp 2$〕　THEN　$\sharp 3 = 0$;

3. 循环（WHILE 语句）

当条件满足时，执行 DO 到 END 之间的程序，不满足则执行 END 后的程序。

格式：

WHILE　〔＜条件表达式＞〕　　DO m;　（$m = 1, 2, 3$）

……

相关程序

……

条件满足

条件不满足

END m;

说明：

(1) DO m 和 END m 必须成对使用，并以 m 作为识别号相互识别;

(2) m 的取值为 1、2、3，可以根据需要多次使用;

(3) 当指定 DO 而没有指定 WHILE 语句时，将产生从 DO 到 END 的无限循环。

例：要求对以下动作重复执行三次。

    G00 G91 X100.0;

    Y100.0;

    $\sharp 1 = 0$;

    WHILE　〔$\sharp 1$ LT 3〕　DO 1;

    G00　G91　X100.0;

    Y100.0;

    $\sharp 1 = \sharp 1 + 1$;

    END 1;

操作训练

（一）任务

通过加工图 10-1 所示椭圆轴一，理解宏程序的基本知识并能编制非圆曲面零件加工程序，进一步熟悉数控车床的操作。

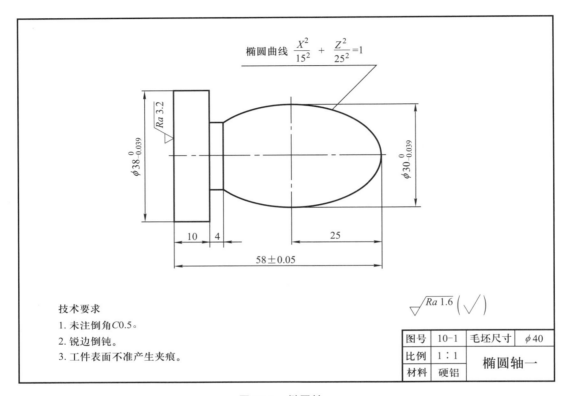

图 10-1　椭圆轴一

（二）任务分析

1. 图样分析

本任务所用实训材料为硬铝，直径为 $\phi40$，要求采用 G73 指令调用宏指令指定的精车轨迹完成粗车，用 G70 指令完成精车。

2. 工时定额

总工时：70 min。

（1）编程时间：25 min。

（2）操作时间：45 min。

3. 工艺分析

（1）夹持毛坯外圆，伸出长度 70；手动方式车端面。

（2）粗、精车椭圆轮廓、$\phi38$ 外圆。

（3）手动切断工件。

（4）调头装夹，手动方式车端面，控制长度为 58 ± 0.05。

（三）任务准备

1. 材料

硬铝，$\phi40$ 圆棒料。

2. 量具

本任务使用的量具见表 10-5。

表 10-5　量具

序号	名　　称	规　　格	单位	数量
1	游标卡尺	0～150 mm/0.02 mm	把	1
2	外径千分尺	25～50 mm/0.01 mm	把	1
3	带表游标卡尺	0～150 mm/0.02 mm	把	1

3. 刀具

本任务使用的刀具见表 10-6。

表 10-6　刀具

序号	刀具号	刀具规格名称	数量	用　　途
1	T0101	35°外圆车刀	1	粗、精车外圆
2		切断刀	1	切断工件

4. 工具

刀架扳手、卡盘扳手、垫刀片、扳手等。

（四）任务实施过程

1. 编制加工程序

加工程序见表 10-7。

表 10-7　椭圆轴一加工程序

程序段号	程　　序	说　　明
	O1101；	程序名
N0010	G21 G40 G97 G99 T0100；	设置加工前准备参数
N0020	T0101 M03 S1000；	选择 1 号刀、1 号刀补；主轴正转，转速 1 000 r/min
N0030	G00 X42 Z2；	刀具快速移动到加工起点
N0040	G73 U7 R8；	调用 G73 指令粗车外轮廓
N0050	G73 P60 Q160 U0.5 W0 F0.2；	

程序段号	程　　　序	说　　　明
N0060	G00 X0;	外轮廓加工轨迹
N0070	G01 Z0;	
N0080	#1=25;	
N0090	#2=15 * SQRT[25 * 25－#1 * #1]/25;	
N0100	G01 X[2 * #2] Z[#1－25];	
N0110	#1=#1－0.1;	
N0120	IF[#1GE－19] GOTO90;	
N0130	G01 Z-48;	
N0140	X38;	
N0150	Z-60;	
N0160	X42;	
N0170	G70 P60 Q160 F0.12;	调用 G70 指令精车外轮廓
N0180	G00 X200 Z200;	刀具快速退到换刀点
N0190	M30;	程序结束并返回

2. 加工步骤

（1）开机，返回机床参考点；

（2）安装工件和刀具；

（3）输入加工程序，编辑修改；

（4）锁住机床，试运行程序；

（5）采用试切法对刀，输入刀补值；

（6）自动运行程序，加工工件（预留加工修正余量）；

（7）测量工件实际尺寸，修改刀补值后再加工；

（8）工件检测合格后完成加工。

（五）任务检测与评价（表 10-8）

表 10-8　椭圆轴一加工任务检测与评价表

姓　　名		准考证号			得　　分			
单　　位				考题名称	椭圆轴一			
考试时间	70 min	实际时间			自　　时　　分起至　　时　　分			
序号	考核内容及要求		配分	评分标准			检测结果	得分
1	编程、调试熟练程度		10	程序思路清晰、可读性强，模拟调试纠错能力强				
2	操作熟练程度		10	试切对刀，建立工件坐标系操作熟练				

续　表

序号	考核内容及要求	配分	评分标准	检测结果	得分
3	椭圆外形轮廓	20	椭圆外形轮廓有缺陷酌情扣分		
4	$\phi 38^{\ 0}_{-0.039}$	14	超差不得分		
5	$\phi 30^{\ 0}_{-0.039}$	14	超差不得分		
6	58 ± 0.05	10	超差不得分		
7	$Ra1.6$	16	大于 $Ra1.6$，每处扣 4 分		
8	安全文明生产	6	违者酌情扣分，严重者取消考试		
9	考核时间		超时 5 min 扣 3 分， 超时 10 min 停止考试		
总　　分		100			
评分人员签字			鉴定日期		

知识拓展

椭圆的方程包括标准方程与参数方程。

（1）椭圆的标准方程：$\dfrac{x^2}{a^2} + \dfrac{y^2}{b^2} = 1$

（2）椭圆的参数方程：$\begin{cases} x = a\cos\theta \\ y = b\sin\theta \end{cases}$　　（θ 为参数）

参数 θ 是椭圆的离心角，它不同于椭圆的旋转角，只有在四个象限点上椭圆的离心角才等于旋转角，这一点应予以足够的重视。图 10-2 所示为椭圆参数方程示意图。

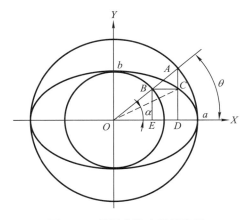

图 10-2　椭圆参数方程示意图

思考与练习

根据图 10-3 的要求，完成椭圆轴二的加工练习。

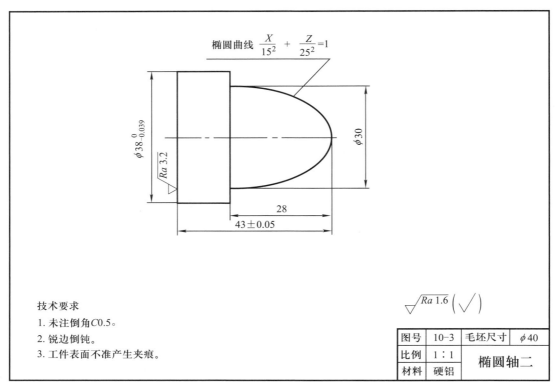

椭圆曲线 $\dfrac{X}{15^2} + \dfrac{Z}{25^2} = 1$

$\phi 38^{\ 0}_{-0.039}$

$\sqrt{Ra\ 3.2}$

$\phi 30$

28

43 ± 0.05

技术要求

1. 未注倒角C0.5。

2. 锐边倒钝。

3. 工件表面不准产生夹痕。

$\sqrt{Ra\ 1.6}\left(\sqrt{}\right)$

图号	10-3	毛坯尺寸	$\phi 40$	
比例	1∶1		**椭圆轴二**	
材料	硬铝			

图 10-3   椭圆轴二

项目十一　车削圆弧套零件

项目简介

通过本数控车综合项目的训练,掌握内外轮廓类零件的加工工艺分析、程序的编制、刀具及切削用量等的合理选择,培养学生数控加工的综合能力。

相关知识

该零件加工编程主要用到以下指令(表 11-1)。

表 11-1　指令表

序号	指　　　令	说　　　明
1	G00 X__Z__	快速点定位指令
2	G01 X__Z__F__	直线插补指令
3	G02 X__Z__R__F__	顺时针圆弧插补指令
4	G03 X__Z__R__F__	逆时针圆弧插补指令
5	G71 U__R__ G71 P__Q__U__W__F__	内/外径粗车复合循环指令
6	G73 U__R__ G73 P__Q__U__W__F__	成形车削复合循环指令
7	G70 P__Q__F__	精加工复合循环指令

操作训练

（一）任务

根据图 11-1 所示的圆弧套零件图样,确定工艺方案及加工路线,完成程序编制并进行加工。

（二）任务分析

1. 图样分析

如图 11-1 所示,该零件材料为铝材,加工面主要包括外圆柱面、内孔、内锥及倒角等。外圆、内孔及内锥面的表面粗糙度及尺寸精度要求较高,应分粗、精加工,加工内轮廓要先用 $\phi16$ 的麻花钻钻出底孔,再镗孔至尺寸要求。

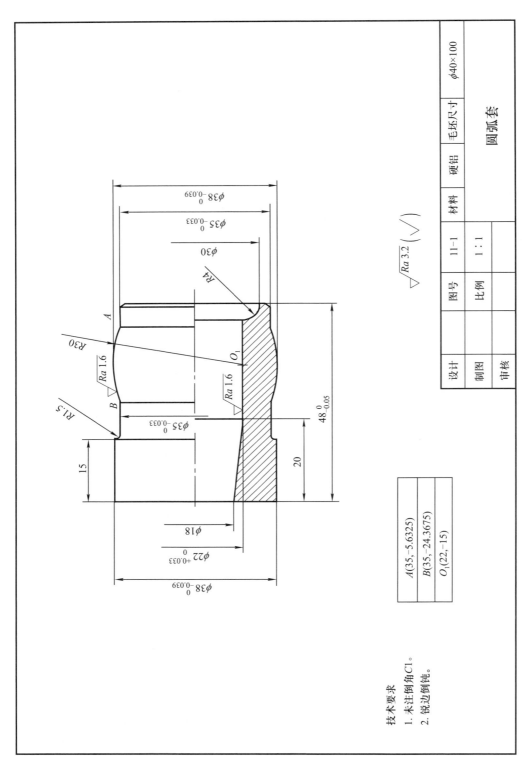

图 11-1　圆弧套

2．工时定额

总工时：100 min。

（1）编程时间：20 min。

（2）操作时间：80 min。

3．工艺分析

加工该零件时一般先加工零件外轮廓，然后加工零件内轮廓。加工该零件，编程零点设置在零件右端面的轴心线上。

4．加工过程

（1）夹毛坯外圆，工件伸出卡盘长度不小于 60 mm；

（2）车端面，用中心钻手动打中心孔；

（3）用 $\phi16$ 钻头手动钻内孔；

（4）换外圆车刀，粗、精车零件外轮廓至尺寸要求；

（5）换镗孔刀，粗、精镗内孔至尺寸要求；

（6）切断；

（7）调头装夹，车另一端面，保证总长至尺寸要求。

（三）任务准备

1．材料

硬铝，$\phi40\times100$ 的圆棒料。

2．量具

本任务使用的量具见表 11-2。

表 11-2　量具

序号	名　　称	规　　格	单位	数量
1	游标卡尺	$0\sim150$ mm/0.02 mm	把	1
2	外径千分尺	$25\sim50$ mm/0.01 mm	把	1
3	内径百分表	$18\sim35$ mm	套	1

3．刀具

本任务使用的刀具见表 11-3。

表 11-3　刀具

序号	刀具号	刀具规格名称	数量	用　　途
1		中心钻 A3	1	钻中心孔
2		$\phi16$ 钻头	1	钻孔
3	T0101	35°外圆车刀	1	粗、精车外圆
4	T0202	$\phi12$ 镗孔刀	1	粗、精镗内孔
5	T0404	4 mm 切断刀	1	切断

4. 工具

刀架扳手、卡盘扳手等。

（四）任务实施过程

1. 编制加工程序

外轮廓加工程序见表 11-4。

表 11-4 外轮廓加工程序

程序段号	程 序	说 明
	O0001；	程序名
N0010	G21 G40 G97 G99 T0100；	设置加工前准备参数
N0020	T0101 M03 S1200；	选择 35°外圆车刀；主轴正转，转速 1 200 r/min
N0030	G00 X42 Z2；	刀具快速移动到循环起点
N0040	G73 U3 R4；	外轮廓粗车复合循环
N0050	G73 P60 Q140 U0.2 F0.2；	
N0060	G00 X33；	G73 循环执行开始程序段
N0070	G01 Z0；	外轮廓加工
N0080	X35 Z-1；	
N0090	Z-5.6325；	
N0100	G03 X35 Z-24.3675 R30；	
N0110	G01 Z-31.5；	
N0120	G02 X38 Z-33 R1.5；	
N0130	G01 Z-52；	
N0140	X42；	G73 循环执行结束程序段
N0150	G00 X200 Z200；	刀具快速退到换刀点
N0160	M05；	主轴停
N0170	T0101 M03 S1500；	选择精加工车刀；主轴正转，转速 1 500 r/min
N0180	G00 X42 Z2；	刀具快速移动到循环起点
N0190	G70 P60 Q140 F0.12；	精车外轮廓
N0200	G00 X200 Z200；	刀具快速退到换刀点
N0210	M30；	程序结束并返回

内轮廓加工程序见表 11-5。

表 11-5 内轮廓加工程序

程序段号	程 序	说 明
	O0002;	程序名
N0010	G21 G40 G97 G99 T0200;	设置加工前准备参数
N0020	T0202 M03 S1000;	选择镗孔车刀;主轴正转,转速 1 000 r/min
N0030	G00 X15 Z2;	刀具快速移动到循环起点
N0040	G71 U1 R0.5;	内轮廓粗车复合循环
N0050	G71 P60 Q120 U-0.2 F0.15;	
N0060	G00 X30;	G71 循环执行开始程序段
N0070	G01 Z0;	外轮廓加工
N0080	G03 X22 Z-4 R4;	
N0090	G01 Z-28;	
N0100	X18 Z-48;	
N0110	Z-50;	
N0120	X15;	G71 循环执行结束程序段
N0130	G00 Z200;	刀具快速退到换刀点
N0140	X200;	
N0150	M05;	主轴停
N0160	T0202 M03 S1200;	选择精加工车刀;主轴正转,转速 1 200 r/min
N0170	G00 X15 Z2;	刀具快速移动到循环起点
N0180	G70 P60 Q120 F0.12;	精车内轮廓
N0190	G00 X200;	刀具快速退到换刀点
N0200	Z200;	
N0210	M30;	程序结束并返回

2. 加工步骤

(1) 开机,返回机床参考点;

(2) 安装工件和刀具;

(3) 输入加工程序,编辑修改;

(4) 锁住机床,试运行程序;

(5) 采用试切法对刀,输入刀补值;

(6) 自动运行程序,加工工件(预留加工修正余量);

(7) 测量工件实际尺寸,修改刀补值后再加工;

(8) 工件检测合格后完成加工。

（五）任务检测与评价（表 11-6）

表 11-6　圆弧套零件车削任务检测与评价表

姓　　名		准考证号			得　　分		
考工单位			考题名称		圆弧套		
考试时间	100 min	实际时间			自　时　分起至　时　分		
序号	考核内容及要求	配分		评分标准		检测结果	得分
1	编程、调试熟练程度	5		程序思路清晰,可读性强,模拟调试纠错能力强			
2	操作熟练程度	5		试切对刀,建立工件坐标系操作熟练			
3	外形	30		样板检验,1处不符合扣10分			
4	$\phi 35_{-0.033}^{0}$（2处）	20		超差不得分			
5	$\phi 38_{-0.039}^{0}$（2处）	16		超差不得分			
6	$\phi 22_{0}^{+0.033}$	10		超差不得分			
7	$48_{-0.05}^{0}$	7		超差不得分			
8	$Ra1.6$（2处）	2		大于$Ra1.6$,每处扣1分			
9	$Ra3.2$	5		大于$Ra3.2$,每处扣1分			
10	安全文明生产			违者酌情扣5～10分,严重者取消考试			
11	考核时间			超时5 min扣3分,超时10 min停止考试			
总　　分		100					
评分人员签字			鉴定日期				

思考与练习

根据图 11-2 的要求,完成球形套加工练习。

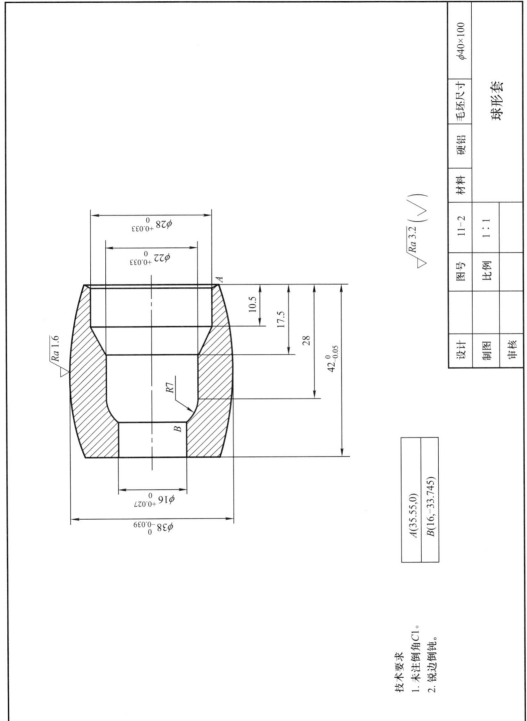

技术要求
1. 未注倒角C1。
2. 锐边倒钝。

$\sqrt{Ra\,3.2}\ (\sqrt{\ })$

设计		图号	11-2	材料	硬铝	毛坯尺寸	$\phi40\times100$
制图		比例	1:1			球形套	
审核							

A(35.55,0)
B(16,−33.745)

图 11-2　球形套

项目十二　车削螺纹套零件

项目简介

通过本数控车综合项目的训练,使学生掌握内外轮廓及内螺纹的加工工艺分析、程序的编制、刀具及切削用量等的合理选择,培养学生数控加工的综合能力。

相关知识

该零件加工编程主要应用到以下指令(表 12-1)。

表 12-1　指令表

序号	指　　　令	说　　　明
1	G00 X__ Z__	快速点定位指令
2	G01 X__ Z__ F__	直线插补指令
3	G03 X__ Z__ R__ F__	逆时针圆弧插补指令
4	G71 U__ R__ G71 P__ Q__ U__ W__ F__	内/外径粗车复合循环指令
5	G73 U__ R__ G73 P__ Q__ U__ W__ F__	成形车削复合循环指令
6	G70 P__ Q__ F__	精加工复合循环指令
7	G75 R__ G75 X__ Z__ P__ Q__ F__	内/外径切槽复合循环指令
8	G92 X__ Z__ F__	螺纹车削循环指令

操作训练

(一)任务

根据图 12-1 所示的螺纹套零件图要求,确定工艺方案及加工路线,进行零件加工。

(二)任务分析

1. 图样分析

如图 12-1 所示的零件,形状简单,结构尺寸变化不大。零件的总体结构主要包括内圆柱、圆弧、锥度、沟槽及内螺纹等。零件重要的径向加工部位有 $\phi38$、$R70$ 外圆弧表面(其精

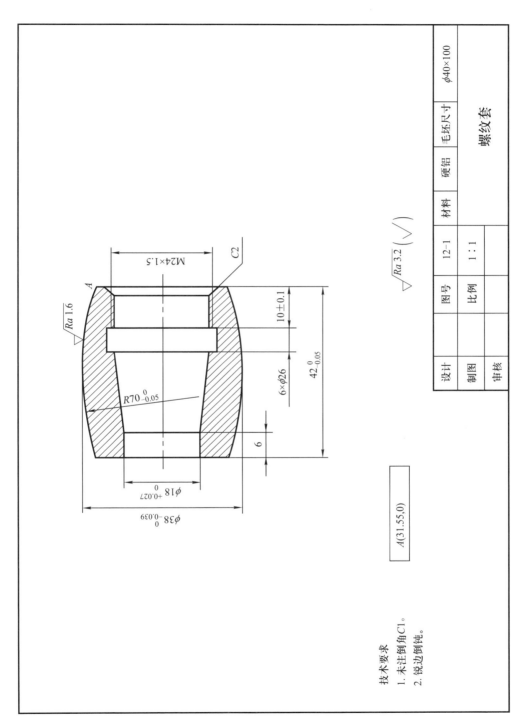

$$\sqrt{Ra\ 3.2}\ (\sqrt{\ })$$

$A(31.55,0)$

技术要求
1. 未注倒角C1。
2. 锐边倒钝。

图12-1　螺纹套

度较高、表面粗糙度值为 $Ra1.6\ \mu m$），以及 M24×1.5 内螺纹及其退刀槽，零件总长有公差要求。

2. 工时定额

总工时：120 min。

（1）编程时间：20 min。

（2）操作时间：100 min。

3. 工艺分析

参见图 12-1，加工该零件时一般先加工零件外轮廓，然后加工零件内轮廓，最后加工内退刀槽和内螺纹。编程时，编程零点设置在零件右端面的轴心线上。

4. 加工过程

（1）夹毛坯外圆，工件伸出卡盘长度不小于 50。

（2）车端面，用中心钻手动打中心孔。

（3）用 $\phi16$ 钻头手动钻内孔。

（4）换外圆车刀，粗、精车零件外轮廓至尺寸要求。

（5）换镗孔刀，粗、精车内轮廓至尺寸要求。

（6）用刀头宽为 4 的内切槽刀加工 $\phi26×6$ 槽至尺寸要求。

（7）粗、精加工内螺纹至尺寸要求。

（8）切断并保证总长至尺寸要求。

（三）任务准备

1. 材料

硬铝，$\phi40×100$ mm 的圆棒料。

2. 量具

本任务使用的量具见表 12-2。

表 12-2　量具

序号	名　称	规　格	单位	数量
1	游标卡尺	0～150 mm/0.02 mm	把	1
2	外径千分尺	25～50 mm/0.01 mm	把	1
3	内径千分尺	5～25 mm/0.01 mm	把	1
4	内径百分表	18～35 mm	套	1
5	螺纹塞规	M24×1.5	支	1

3. 刀具

本任务使用的刀具见表 12-3。

表 12-3 刀具

序号	刀具号	刀具规格名称	数量	用 途
1		中心钻 A3	1	钻中心孔
2		φ16 钻头	1	钻孔
3	T0101	35°外圆车刀	1	粗、精车外圆
4	T0202	φ12 镗孔刀	1	粗、精镗内孔
5	T0202	内螺纹刀	1	加工 M24×1.5 内螺纹
6	T0303	内切槽刀	2	加工 φ26×6 内槽
7	T0404	4 mm 切断刀	1	切断

4. 工具

刀架扳手、卡盘扳手等。

（四）任务实施过程

1. 编制加工程序

外轮廓加工程序见表 12-4。

表 12-4 外轮廓加工程序

程序段号	程 序	说 明
	O0001;	程序名
N0010	G21 G40 G97 G99 T0100;	设置加工前准备参数
N0020	T0101 M03 S1200;	选择 35°外圆车刀;主轴正转,转速 1 200 r/min
N0030	G00 X42 Z2;	刀具快速移动到循环起点
N0040	G73 U5 R6;	外轮廓粗车复合循环
N0050	G73 P60 Q100 U0.2 F0.2;	
N0060	G00 X31.552;	G73 循环执行开始程序段
N0070	G01 Z0;	外轮廓加工
N0080	G03 X31.552 Z-42 R70;	
N0090	G01 Z-46;	
N0100	X42;	G73 循环执行结束程序段
N0110	G00 X200 Z200;	刀具快速退到换刀点
N0120	M05;	主轴停
N0130	T0101 M03 S1500;	选择精车刀;主轴正转,转速 1 500 r/min
N0140	G00 X42 Z2;	刀具快速移动到循环起点
N0150	G70 P60 Q100 F0.12;	精车外轮廓
N0160	G00 X200 Z200;	刀具快速退到换刀点
N0170	M30;	程序结束并返回

内轮廓加工程序见表 12-5。

表 12-5　内轮廓加工程序

程序段号	程　序	说　明
	O0002；	程序名
N0010	G21 G40 G97 G99 T0200；	设置加工前准备参数
N0020	T0202 M03 S1000；	选择镗孔车刀；主轴正转，转速 1 000 r/min
N0030	G00 X15 Z2；	刀具快速移动到循环起点
N0040	G71 U1 R0.5；	内轮廓粗车复合循环
N0050	G71 P60 Q120 U-0.2 F0.15；	
N0060	G00 X26.5；	G71 循环执行开始程序段
N0070	G01 Z0；	内轮廓加工
N0080	X22.5 Z-2；	
N0090	Z-16；	
N0100	X18 Z-36；	
N0110	Z-45；	
N0120	X15；	G71 循环执行结束程序段
N0130	G00 Z200；	刀具快速退到换刀点
N0140	X200；	
N0150	M05；	主轴停
N0160	T0202 M03 S1200；	选择精镗刀；主轴正转，转速 1 200 r/min
N0170	G00 X15 Z2；	刀具快速移动到循环起点
N0180	G70 P60 Q120 F0.12；	精车内轮廓
N0190	G00 X200；	刀具快速退到换刀点
N0200	Z200；	
N0210	M30；	程序结束并返回

内槽加工程序见表 12-6。

表 12-6　内槽加工程序

程序段号	程　序	说　明
	O0003；	程序名
N0010	G21 G40 G97 G99 T0300；	设置加工前准备参数
N0020	T0303 M03 S600；	选择内沟槽车刀；主轴正转，转速 600 r/min
N0030	G00 X20；	刀具快速移动到循环起点
N0040	Z-(10＋刀宽)；	

续　表

程序段号	程　　　序	说　　　明
N0050	G75 R0.5；	内槽车削循环
N0060	G75 X26 Z-16 P2000 Q2000 F0.2；	
N0070	G00 Z200；	刀具快速退到换刀点
N0080	X200；	
N0090	M30；	程序结束并返回

内螺纹加工程序见表12-7。

表12-7　内螺纹加工程序

程序段号	程　　　序	说　　　明
	O0004；	程序名
N0010	G21 G40 G97 G99 T0200；	设置加工前准备参数
N0020	T0202 M03 S500；	选择60°内螺纹刀；主轴正转，转速500 r/min
N0030	G00 X20 Z5；	刀具快速移动到循环起点
N0040	G92 X23 Z-13 F1.5；	内螺纹车削循环
N0050	X23.5；	
N0060	X23.8；	
N0070	X23.9；	
N0080	X24.05；	
N0090	X24.05；	
N0100	G00 X200；	刀具快速退到换刀点
N0110	Z200；	
N0120	M30；	程序结束并返回

2. 加工步骤

（1）开机，返回机床参考点；

（2）安装工件和刀具；

（3）输入加工程序，编辑修改；

（4）锁住机床，试运行程序；

（5）采用试切法对刀，输入刀补值；

（6）自动运行程序，加工工件（预留加工修正余量）；

（7）测量工件实际尺寸，修改刀补值后再加工；

（8）工件检测合格后完成加工。

（五）任务检测与评价（表 12-8）

表 12-8 车削螺纹套零件任务检测与评价表

姓　　名		准考证号			得　　分		
考工单位			考题名称		螺纹套		
考试时间	120 min	实际时间		自　　时　　分起至　　时　　分			
序号	考核内容及要求	配分	评分标准			检测结果	得分
1	编程、调试熟练程度	5	程序思路清晰,可读性强,模拟调试纠错能力强				
2	操作熟练程度	5	试切对刀,建立工件坐标系操作熟练				
3	$R70_{-0.05}^{0}$	18	样板检验				
4	$M24 \times 1.5$	20	塞规检验				
5	$\phi 18_{0}^{+0.027}$	12	超差不得分				
6	$\phi 38_{-0.039}^{0}$	15	超差不得分				
7	$42_{-0.05}^{0}$	10	超差不得分				
8	$Ra1.6$	4	大于 $Ra1.6$,不得分				
9	$Ra3.2$(6 处)	6	大于 $Ra3.2$,每处扣 1 分				
10	10 ± 0.1	5	超差不得分				
11	安全文明生产		违者酌情扣 5~10 分,严重者取消考试				
12	考核时间		超时 5 min 扣 3 分,超时 10 min 停止考试				
总　　分		100					
评分人员签字			鉴定日期				

思考与练习

根据图 12-2 的要求,完成圆弧螺纹套加工练习。

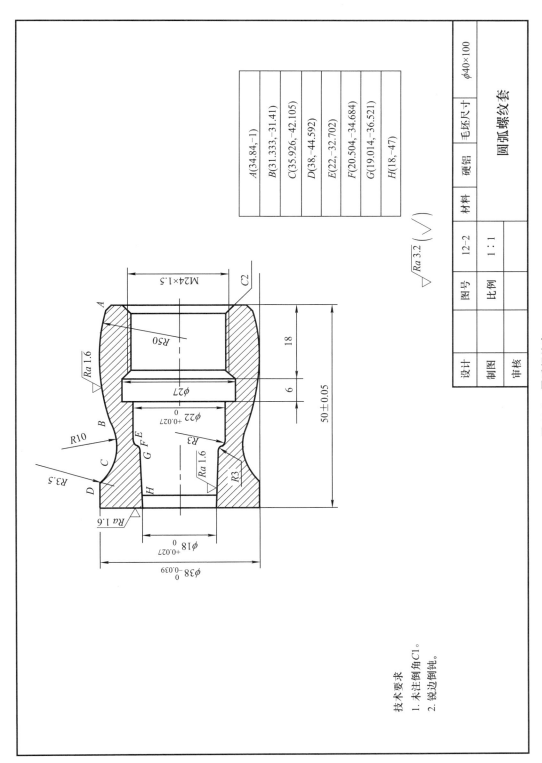

			毛坯尺寸	φ40×100
	材料	硬铝		圆弧螺纹套
	图号	12-2		
设计	比例	1:1		
制图				
审核				

A(34.84,−1)
B(31.333,−31.41)
C(35.926,−42.105)
D(38,−44.592)
E(22,−32.702)
F(20.504,−34.684)
G(19.014,−36.521)
H(18,−47)

$\sqrt{Ra\,3.2}\,(\sqrt{})$

技术要求
1. 未注倒角C1。
2. 锐边倒钝。

图 12-2　圆弧螺纹套

项目十三　车削外槽套零件

项目简介

通过本数控车综合项目的训练,使学生掌握内外轮廓及内外螺纹的加工工艺分析、程序的编制、刀具及切削用量等的合理选择,培养学生数控加工的综合能力。

相关知识

该零件加工编程主要用到以下指令(表 13-1)。

表 13-1　指令表

序号	指　　令	说　　　明
1	G00 X__ Z__	快速点定位指令
2	G01 X__ Z__ F__	直线插补指令
3	G02 X__ Z__ R__ F__	顺时针圆弧插补指令
4	G03 X__ Z__ R__ F__	逆时针圆弧插补指令
5	G71 U__ R__ G71 P__ Q__ U__ W__ F__	内/外径粗车复合循环指令
6	G70 P__ Q__ F__	精加工复合循环指令
7	G75 R__ G75 X__ Z__ P__ Q__ F__	内/外径切槽复合循环指令

操作训练

(一) 任务

根据图 13-1 所示的外槽套零件图要求,确定工艺方案及加工路线,进行零件加工。

(二) 任务分析

1. 图样分析

由图 13-1 可知,该零件材料为硬铝,加工内容简单,主要包括外圆柱面、内孔、槽及倒角等加工面。三个槽的宽度有公差要求,ϕ18 的表面粗糙度及尺寸精度要求较高,应分粗、精加工,因最小内孔直径为 ϕ18,加工内轮廓要先用 ϕ16 的麻花钻钻出底孔,再粗镗孔,留 0.2 mm 精加工余量,然后精镗孔至尺寸要求,同时精车出 C0.5 倒角,最后保证长度尺寸为 45 mm。

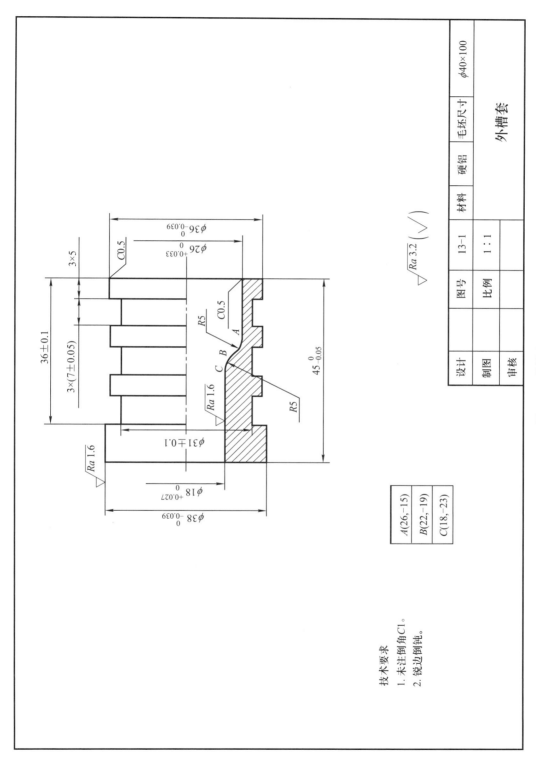

技术要求
1. 未注倒角C1。
2. 锐边倒钝。

$\sqrt{Ra\,3.2}\,(\sqrt{\ })$

| A(26,−15) |
| B(22,−19) |
| C(18,−23) |

设计		图号	13-1	材料	硬铝	毛坯尺寸	$\phi40\times100$
制图		比例	1:1				
审核						外槽套	

图 13-1　外槽套

2. 工时定额

总工时：90 min。

(1) 编程时间：20 min。

(2) 操作时间：70 min。

3. 工艺分析

加工该零件时一般先加工零件外轮廓，然后加工外槽，最后加工内轮廓。编程时，编程零点设置在零件右端面的轴心线上。

4. 加工过程

(1) 夹毛坯外圆，工件伸出卡盘长度不小于 50 mm。

(2) 车端面，用中心钻手动打中心孔。

(3) 用 $\phi16$ 钻头手动钻内孔。

(4) 用外圆车刀，粗、精车零件外轮廓至尺寸要求。

(5) 用刀头宽为 4 mm 的切槽刀加工三个 $\phi31 \times 7$ 槽至尺寸要求。

(6) 换镗孔刀，粗、精车内轮廓至尺寸要求。

(7) 切断并保证总长至尺寸要求。

(三) 任务准备

1. 材料

硬铝，$\phi40 \times 100$ mm 的圆棒料。

2. 量具

本任务使用的量具见表 13-2。

表 13-2　量具

序号	名　　称	规　　格	单位	数量
1	游标卡尺	0～150 mm/0.02 mm	把	1
2	外径千分尺	25～50 mm/0.01 mm	把	1
3	内径千分尺	5～25 mm/0.01 mm	把	1
4	内径百分表	18～35 mm	套	1

3. 刀具

本任务使用的刀具见表 13-3。

表 13-3　刀具

序号	刀具号	刀具规格名称	数量	用　　途
1		中心钻 A3	1	钻中心孔
2		$\phi16$ 钻头	1	钻孔
3	T0101	35°外圆车刀	1	粗、精车外圆
4	T0202	$\phi12$ 镗孔刀	1	粗、精镗内孔
5	T0404	4 mm 切断刀	1	切断、切外槽

4. 工具

刀架扳手、卡盘扳手等。

（四）任务实施过程

1. 编制加工程序

外轮廓加工程序见表 13-4。

表 13-4　外轮廓加工程序

程序段号	程　　序	说　　明
	O0001；	程序名
N0010	G21 G40 G97 G99 T0100；	设置加工前准备参数
N0020	T0101 M03 S1200；	选择 35°外圆车刀；主轴正转，转速 1 200 r/min
N0030	G00 X42 Z2；	刀具快速移动到循环起点
N0040	G71 U1.5 R0.5；	外轮廓粗车复合循环
N0050	G71 P60 Q120 U0.2 F0.2；	
N0060	G00 X35；	G71 循环执行开始程序段
N0070	G01 Z0；	外轮廓加工
N0080	X36 Z-0.5；	
N0090	Z-36；	
N0100	X38，C0.3；	
N0110	Z-49；	
N0120	X42；	G71 循环执行结束程序段
N0130	G00 X200 Z200；	刀具快速退到换刀点
N0140	M05；	主轴停
N0150	T0101 M03 S1500；	选择精车刀；主轴正转，转速 1 500 r/min
N0160	G00 X42 Z2；	刀具快速移动到循环起点
N0170	G70 P60 Q120 F0.12；	精车外轮廓
N0180	G00 X200 Z200；	刀具快速退到换刀点
N0190	M30；	程序结束并返回

内轮廓加工程序见表 13-5。

表 13-5   内轮廓加工程序

程序段号	程　　序	说　　明
	O0002；	程序名
N0010	G21 G40 G97 G99 T0200；	设置加工前准备参数
N0020	T0202 M03 S1000；	选择镗孔车刀；主轴正转，转速 1 000 r/min
N0030	G00 X15 Z2；	刀具快速移动到循环起点
N0040	G71 U1 R0.5；	内轮廓粗车复合循环
N0050	G71 P60 Q130 U-0.2 F0.15；	
N0060	G00 X27；	G71 循环执行开始程序段
N0070	G01 Z0；	内轮廓加工
N0080	X26 Z-0.5；	
N0090	Z-15；	
N0100	G03 X22 Z-19 R5；	
N0110	G02 X18 Z-23 R5；	
N0120	G01 Z-48；	
N0130	X15；	G71 循环执行结束程序段
N0140	G00 Z200；	刀具快速退到换刀点
N0150	X200；	
N0160	M05；	主轴停
N0170	T0202 M03 S1200；	选择精镗刀；主轴正转，转速 1 200 r/min
N0180	G00 X15 Z2；	刀具快速移动到循环起点
N0190	G70 P60 Q130 F0.12；	精车内轮廓
N0200	G00 X200；	刀具快速退到换刀点
N0210	Z200；	
N0220	M30；	程序结束并返回

外槽加工程序见表 13-6。

表 13-6　外槽加工程序

程序段号	程　　序	说　　明
	O0003；	程序名
N0010	G21 G40 G97 G99 T0400；	设置加工前准备参数
N0020	T0404 M03 S600；	选择切槽车刀；主轴正转,转速 600 r/min
N0030	G00 X40；	刀具快速移动到第一个槽循环起点
N0040	Z-9；	
N0050	G75 R0.5；	槽车削循环
N0060	G75 X31 Z-12 P2000 Q2000 F0.2；	
N0070	G00 Z-21；	刀具快速移动到第二个槽循环起点
N0080	G75 R0.5；	槽车削循环
N0090	G75 X31 Z-24 P2000 Q2000 F0.2；	
N0100	G00 Z-33；	刀具快速移动到第三个槽循环起点
N0110	G75 R0.5；	槽车削循环
N0120	G75 X31 Z-36 P2000 Q2000 F0.2；	
N0130	G00 X200；	刀具快速退到换刀点
N0140	Z200；	
N0150	M30；	程序结束并返回

2. 加工步骤

（1）开机,返回机床参考点；

（2）安装工件和刀具；

（3）输入加工程序,编辑修改；

（4）锁住机床,试运行程序；

（5）采用试切法对刀,输入刀补值；

（6）自动运行程序,加工工件（预留加工修正余量）；

（7）测量工件实际尺寸,修改刀补值后再加工；

（8）工件检测合格后完成加工。

（五）任务检测与评价（表 13-7）

表 13-7   外槽套车削任务检测与评价表

姓名		准考证号		得 分		
考工单位			考题名称		外槽套	
考试时间	90 min	实际时间		自 时 分起至 时 分		

序号	考核内容及要求	配分	评分标准	检测结果	得分
1	编程、调试熟练程度	5	程序思路清晰,可读性强,模拟调试纠错能力强		
2	操作熟练程度	5	试切对刀,建立工件坐标系操作熟练		
3	$\phi 36_{-0.039}^{0}$	18	超差不得分		
4	$\phi 26_{0}^{+0.033}$	20	超差不得分		
5	$\phi 18_{0}^{+0.027}$	12	超差不得分		
6	$\phi 38_{-0.039}^{0}$	15	超差不得分		
7	$\phi 31 \pm 0.1$(3 处)	10	超差不得分		
8	7 ± 0.05(3 处)	4	超差不得分		
9	36 ± 0.1	6	超差不得分		
10	$45_{-0.05}^{0}$	5	超差不得分		
11	$Ra1.6$(2 处)		大于 $Ra1.6$,不得分		
12	$Ra3.2$		大于 $Ra3.2$,每处扣 1 分		
13	安全文明生产		违者酌情扣 5～10 分,严重者取消考试		
14	考核时间		超时 5 min 扣 3 分,超时 10 min 停止考试		
总 分		100			
评分人员签字			鉴定日期		

思考与练习

根据图 13-2 的要求,完成外槽螺纹套的加工练习。

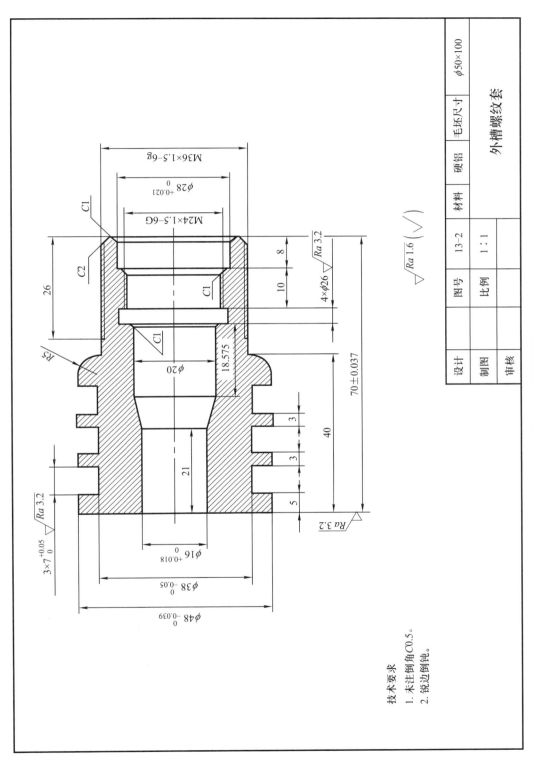

技术要求
1. 未注倒角C0.5。
2. 锐边倒钝。

图 13-2　外槽螺纹套

设计		图号	13-2	材料	硬铝	毛坯尺寸	φ50×100
制图		比例	1：1				
审核					外槽螺纹套		

项目十四 车削外螺纹套零件

项目简介

通过本数控车综合项目的训练,使学生掌握内外轮廓及外螺纹的加工工艺分析、程序的编制、刀具及切削用量等的合理选择,培养学生数控加工的综合能力。

相关知识

该零件加工编程主要用到以下指令(表 14-1)。

表 14-1 指令表

序号	指　　令	说　　明
1	G00 X__ Z__	快速点定位指令
2	G01 X__ Z__ F__	直线插补指令
3	G02 X__ Z__ R__ F__	顺时针圆弧插补指令
4	G71 U__ R__ G71 P__ Q__ U__ W__ F__	内/外径粗车复合循环指令
5	G70 P__ Q__ F__	精加工复合循环指令
6	G92 X__ Z__ F__	螺纹车削循环指令

操作训练

(一) 任务

根据图 14-1 所示的外螺纹套零件图要求,确定工艺方案及加工路线,进行零件的加工。

(二) 任务分析

1. 图样分析

由图 14-1 可知,该零件材料为硬铝,加工内容简单,主要包括外螺纹、阶梯孔及倒角等加工面。零件尺寸精度和几何精度的要求较高。该零件重要的径向加工部位为 $\phi26$ 内孔、$\phi22$ 内孔、$\phi16$ 内孔,应分粗、精加工。因最小内孔直径为 $\phi16$,加工内轮廓要先用 $\phi15$ 的麻花钻钻底孔,再粗镗孔,留 0.2 mm 精加工余量,最后精镗孔至尺寸要求。零件上螺纹为三角形外螺纹,公称直径是 36 mm,螺距是 2 mm,长度是 42 mm。在实际生产中,为计算方便,

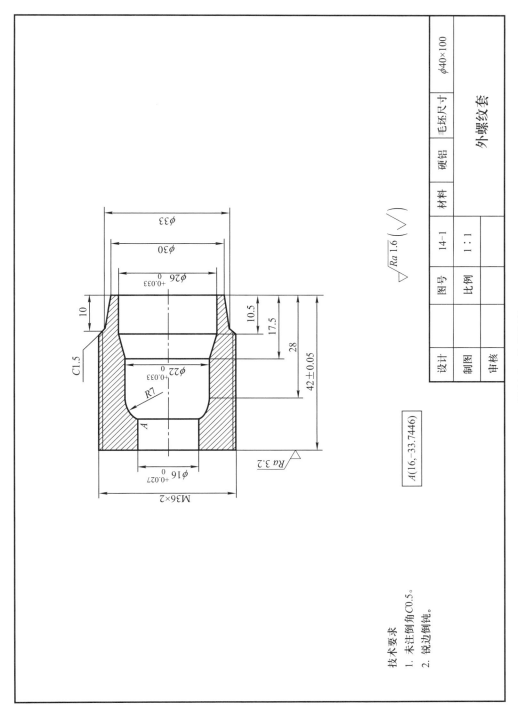

技术要求
1. 未注倒角C0.5。
2. 锐边倒钝。

$A(16,-33.7446)$

$\sqrt{Ra1.6}\ (\sqrt{\ })$

设计		图号	14-1	材料	硬铝	毛坯尺寸	$\phi40\times100$
制图		比例	1:1			外螺纹套	
审核							

图 14-1 外螺纹套

不考虑螺纹车刀的刀尖半径 r 的影响，一般取螺纹实际牙型高度 $h_1 = 0.649P$，常取 $h_1 = 0.65P$。

2. 工时定额

总工时：120 min。

（1）编程时间：20 min。

（2）操作时间：100 min。

3. 工艺分析

加工该零件时一般先加工零件外轮廓，然后加工外螺纹，最后加工内轮廓。编程时，编程零点设置在零件右端面的轴心线上。

4. 加工过程

（1）夹毛坯外圆，工件伸出卡盘长度不小于 50 mm。

（2）车端面。

（3）用中心钻手动打中心孔。

（4）用 ϕ15 钻头手动钻内孔。

（5）用外圆车刀，粗、精车零件外轮廓至尺寸要求。

（6）换外螺纹刀，粗、精加工外螺纹至尺寸要求。

（7）换镗孔刀，粗、精车内轮廓至尺寸要求。

（8）切断并保证总长至尺寸要求。

（三）任务准备

1. 材料

硬铝，ϕ40×100 mm 的圆棒料。

2. 量具

本任务使用的量具见表 14-2。

表 14-2 量具

序号	名　　称	规　　格	单位	数量
1	游标卡尺	0～150 mm/0.02 mm	把	1
2	外径千分尺	25～50 mm/0.01 mm	把	1
3	内径千分尺	5～25 mm/0.01 mm	把	1
4	内径百分表	18～35 mm	套	1
5	螺纹环规	M36×2	副	1

3. 刀具

本任务使用的刀具见表 14-3。

表 14-3　刀具

序号	刀具号	刀具规格名称	数量	用　途
1		中心钻 A3	1	钻中心孔
2		φ15 钻头	1	钻孔
3	T0101	35°外圆车刀	1	粗、精车外圆
4	T0202	φ12 镗孔刀	1	粗、精镗内孔
5	T0303	60°外螺纹刀	1	加工 M24×2 外螺纹
6	T0404	4 mm 切断刀	1	切断

4. 工具

刀架扳手、卡盘扳手等。

（四）任务实施过程

1. 编制加工程序

外轮廓加工程序见表 14-4。

表 14-4　外轮廓加工程序

程序段号	程　　序	说　　明
	O0001；	程序名
N0010	G21 G40 G97 G99 T0100；	设置加工前准备参数
N0020	T0101 M03 S1200；	选择 35°外圆车刀；主轴正转，转速 1 200 r/min
N0030	G00 X42 Z2；	刀具快速移动到循环起点
N0040	G71 U1.5 R0.5；	外轮廓粗车复合循环
N0050	G71 P60 Q100 U0.2 F0.2；	
N0060	G00 X30；	G71 循环执行开始程序段
N0070	G01 X33 Z-10；	外轮廓加工
N0080	X36，C1.5；	
N0090	Z-46；	
N0100	X42；	G71 循环执行结束程序段
N0110	G00 X200 Z200；	刀具快速退到换刀点
N0120	M05；	主轴停
N0130	T0101 M03 S1500；	换精加工车刀；主轴正转，转速 1 500 r/min
N0140	G00 X42 Z2；	刀具快速移动到循环起点
N0150	G70 P60 Q100 F0.12；	精车外轮廓
N0160	G00 X200 Z200；	刀具快速退到换刀点
N0170	M30；	程序结束并返回

内轮廓加工程序见表 14-5。

表 14-5   内轮廓加工程序

程序段号	程　　序	说　　明
	O0002；	程序名
N0010	G21 G40 G97 G99 T0200；	设置加工前准备参数
N0020	T0202 M03 S1000；	选择镗孔车刀；主轴正转，转速 1 000 r/min
N0030	G00 X15 Z2；	刀具快速移动到循环起点
N0040	G71 U1 R0.5；	内轮廓粗车复合循环
N0050	G71 P60 Q140 U-0.2 F0.15；	
N0060	G00 X27；	G71 循环执行开始程序段
N0070	G01 Z0；	内轮廓加工
N0080	X26 Z-0.5；	
N0090	Z-10.5；	
N0100	X22 Z-17.5；	
N0110	Z-28；	
N0120	G03 X16 Z-33.7446 R7；	
N0130	G01 Z-44；	
N0140	X15；	G71 循环执行结束程序段
N0150	G00 Z200；	刀具快速退到换刀点
N0160	X200；	
N0170	M05；	主轴停
N0180	T0202 M03 S1200；	选择精镗刀；主轴正转，转速 1 200 r/min
N0190	G00 X15 Z2；	刀具快速移动到循环起点
N0200	G70 P60 Q140 F0.12；	精车内轮廓
N0210	G00 X200；	刀具快速退到换刀点
N0220	Z200；	
N0230	M30；	程序结束并返回

外螺纹加工程序见表 14-6。

表 14-6   外螺纹加工程序

程序段号	程　　序	说　　明
	O0003；	程序名
N0010	G21 G40 G97 G99 T0300；	设置加工前准备参数
N0020	T0303 M03 S500；	选择 60°外螺纹刀；主轴正转，转速 500 r/min
N0030	G00 X40 Z5；	刀具快速移动到循环起点
N0040	G92 X35 Z-45 F2；	外螺纹车削循环
N0050	X34.5；	

续　表

程序段号	程　　序	说　　明
N0060	X34；	外螺纹车削循环
N0070	X33.7；	
N0080	X33.5；	
N0090	X33.4；	
N0100	X33.4；	
N0110	G00 X200 Z200；	刀具快速退到换刀点
N0120	M30；	程序结束并返回

2. 加工步骤

（1）开机，返回机床参考点；

（2）安装工件和刀具；

（3）输入加工程序，编辑修改；

（4）锁住机床，试运行程序；

（5）采用试切法对刀，输入刀补值；

（6）自动运行程序，加工工件（预留加工修正余量）；

（7）测量工件实际尺寸，修改刀补值后再加工；

（8）工件检测合格后完成加工。

（五）任务检测与评价（表 14-7）

表 14-7　外螺纹套车削任务检测与评价表

姓　　名		准考证号			得　　分		
考工单位			考题名称		外螺纹套		
考试时间	120 min	实际时间		自　　时　　分起至　　时　　分			
序号	考核内容及要求	配分	评分标准			检测结果	得分
1	编程、调试熟练程度	5	程序思路清晰，可读性强，模拟调试纠错能力强				
2	操作熟练程度	5	试切对刀，建立工件坐标系操作熟练				
3	$\phi 26^{+0.033}_{0}$	10	超差不得分				
4	$\phi 16^{+0.027}_{0}$	10	超差不得分				
5	内形面	35	1 处接触不良扣 7 分				
6	M36×2	20	三针测量				
7	42±0.05	5	超差不得分				
8	$Ra1.6$	10	大于 $Ra1.6$，每处扣 1 分				
9	安全文明生产		违者酌情扣 5～10 分，严重者取消考试				
10	考核时间		超时 5 min 扣 3 分，超时 10 min 停止考试				
总　　分		100					
评分人员签字			鉴定日期				

思考与练习

根据图 14-2 的要求，完成螺纹套加工练习。

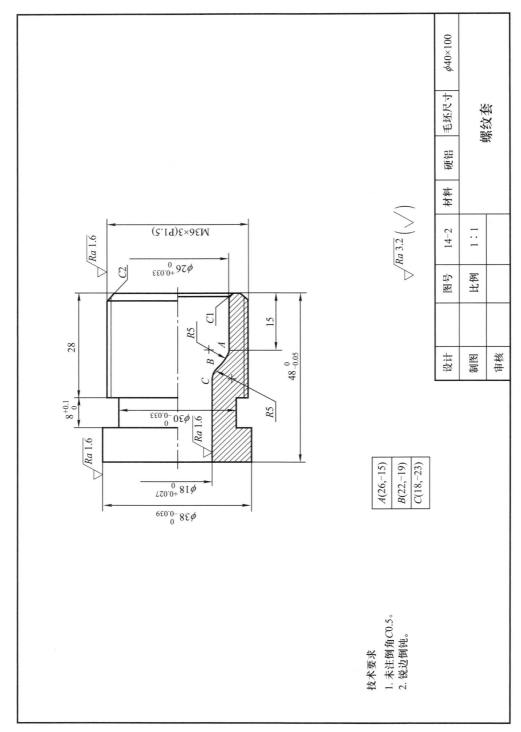

图 14-2 螺纹套

项目十五　车削球形配合件(中级技术工件)

在数控车床中级职业技能鉴定中,经常会遇到各种各样的配合件。本项目主要通过数控车综合项目的训练,使学生掌握简单配合零件的加工。

该配合件加工编程主要用到以下指令(表 15-1)。

表 15-1　指令表

序号	指　　令	说　　明
1	G00 X__ Z__	快速点定位指令
2	G01 X__ Z__ F__	直线插补指令
3	G02 X__ Z__ R__ F__	顺时针圆弧插补指令
4	G03 X__ Z__ R__ F__	逆时针圆弧插补指令
5	G71 U__ R__ G71 P__ Q__ U__ W__ F__	内/外径粗车复合循环指令
6	G70 P__ Q__ F__	精加工复合循环指令

(一)任务

根据图 15-1 所示的球形配合件图样要求,确定工艺方案及加工路线,进行各配合零件加工。

(二)任务分析

1. 图样分析

由图 15-1 可知,该零件材料为硬铝,主要包括外圆柱面、内孔、内外圆弧面及倒角等加工面。外圆、内孔的表面粗糙度及尺寸精度要求较高,应分粗、精加工;由图可知,加工内轮廓要先用 $\phi15$ 的麻花钻钻底孔,再镗孔至尺寸要求;加工件 2 时需要试配保证 1 mm间隙。

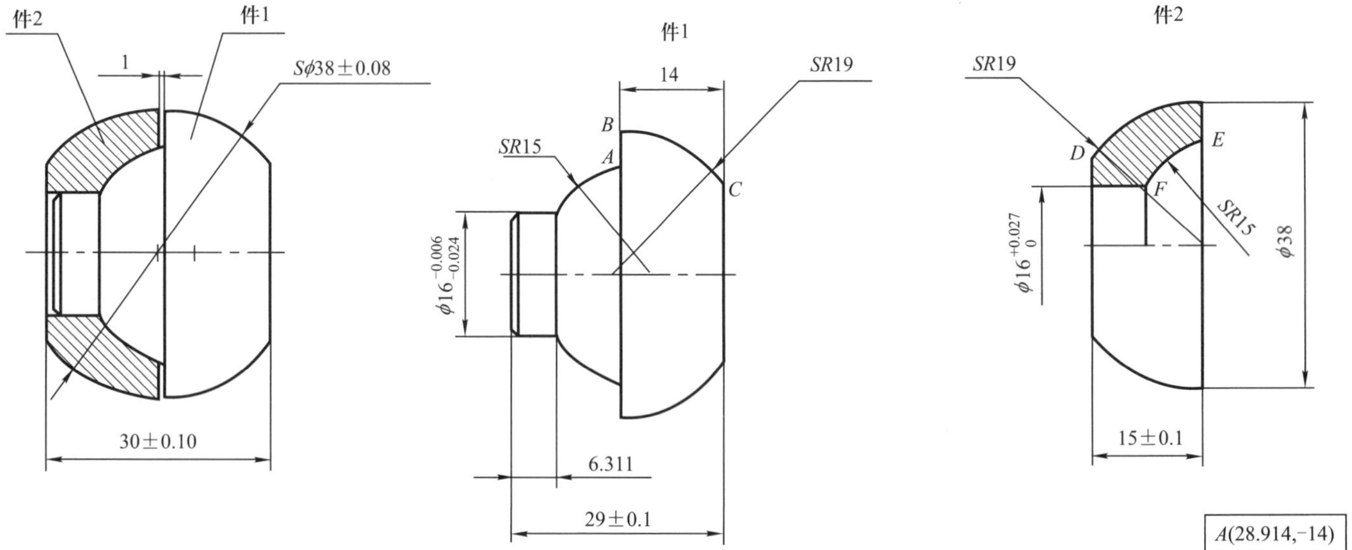
件2
件1
1
Sϕ38±0.08
30±0.10
件1
14
SR19
B
A
SR15
C
ϕ16$^{-0.006}_{-0.024}$
6.311
29±0.1
件2
SR19
D
E
F
SR15
ϕ16$^{+0.027}_{0}$
ϕ38
15±0.1

A(28.914,−14)
B(37.947,−14)
C(23.324,0)
D(23.324,−15)
E(28.284,0)
F(16,−7.689)

Ra 3.2

技术要求

1. 件1与件2的内、外SR15圆弧涂色检验接触面积达到65%以上。
2. 件1与件2相配测量Sϕ38圆球直径相配总长及相配间隙。

设计		图号	15-1	材料	硬铝	毛坯尺寸	ϕ40×100
制图		比例	1∶1	球形配合件			
审核							

图 15-1 球形配合件(中级)

2. 工时定额

总工时:180 min。

(1) 编程时间:20 min。

(2) 操作时间:160 min。

3. 工艺分析

加工对象为配合件,加工时一般先加工件 1 外轮廓,然后加工件 2,加工件 2 时需要与件 1 试配,保证 1 mm 的间隙。

4. 加工过程

(1) 夹毛坯外圆,工件伸出卡盘长度不小于 35 mm;

(2) 车端面,换外圆车刀,粗、精车件 1 外轮廓至尺寸要求;

(3) 切断并保证件 1 总长至尺寸;

(4) 夹毛坯外圆,工件伸出卡盘长度不小于 20 mm;

(5) 车端面,用中心钻手动打中心孔;

(6) 用 $\phi15$ 钻头手动钻内孔;

(7) 换外圆车刀,粗、精车件 2 外轮廓至尺寸要求;

(8) 粗、精车零件内轮廓至尺寸要求;

(9) 切断并保证件 2 总长至尺寸。

(三) 任务准备

1. 材料

硬铝,$\phi40 \times 100$ mm 的圆棒料。

2. 量具

本任务使用的量具见表 15-2。

表 15-2　量具

序号	名　　称	规　　格	单位	数量
1	游标卡尺	0～150 mm/0.02 mm	把	1
2	外径千分尺	25～50 mm/0.01 mm	把	1
3	外径千分尺	0～25 mm/0.01 mm	把	1
4	内径百分表	10～18 mm	套	1
5	内径千分尺	5～25 mm/0.01 mm	把	1

3. 刀具

本任务使用的刀具见表 15-3。

表 15-3　刀具

序号	刀具号	刀具规格名称	数量	用　　途
1		中心钻 A3	1	钻中心孔
2		ϕ15 钻头	1	钻孔
3	T0101	35°外圆车刀	1	粗、精车外圆
4	T0202	ϕ12 镗孔刀	1	粗、精镗内孔
5	T0404	4 mm 切断刀	1	切断

4. 工具

刀架扳手、卡盘扳手等。

(四) 任务实施过程

1. 编制加工程序

相关参考加工程序见表 15-4～表 15-6。

表 15-4　件 1 外轮廓加工程序

程序段号	程　　　序	说　　　明
	O0001;	程序名
N0010	G21 G40 G97 G99 T0100;	设置加工前准备参数
N0020	T0101 M03 S1200;	选择 35°外圆车刀;主轴正转,转速 1 200 r/min
N0030	G00 X42 Z2;	刀具快速移动到循环起点
N0040	G73 U12 R13;	外轮廓粗车复合循环
N0050	G73 P60 Q140 U0.2 F0.2;	
N0060	G00 X15;	G73 循环执行开始程序段
N0070	G01 Z0;	外轮廓加工
N0080	X16 Z-0.5;	
N0090	Z-6. 311;	
N0100	G03 X28.914 Z-14 R15;	
N0110	G01 X37.947;	
N0120	G03 X23.324 Z-29 R19;	
N0130	G01 Z-33;	
N0140	X42;	G73 循环执行结束程序段
N0150	G00 X200 Z200;	刀具快速退到换刀点
N0160	M05;	主轴停
N0170	T0101 M03 S1500;	选择精车刀;主轴正转,转速 1 500 r/min
N0180	G00 X42 Z2;	刀具快速移动到循环起点
N0190	G70 P60 Q140 F0.12;	精车外轮廓
N0200	G00 X200 Z200;	刀具快速退到换刀点
N0210	M30;	程序结束并返回

表 15-5　件 2 外轮廓加工程序

程序段号	程　　序	说　　明
	O0002；	程序名
N0010	G21 G40 G97 G99 T0100；	设置加工前准备参数
N0020	T0101 M03 S1200；	选择 35°外圆车刀；主轴正转，转速 1 200 r/min
N0030	G00 X42 Z2；	刀具快速移动到循环起点
N0040	G73 U8 R9；	外轮廓粗车复合循环
N0050	G73 P60 Q100 U0.2 F0.2；	
N0060	G00 X38；	G73 循环执行开始程序段
N0070	G01 Z0；	外轮廓加工
N0080	G03 X23.324 Z-15 R19；	
N0090	G01 Z-19；	
N0100	X42；	G73 循环执行结束程序段
N0110	G00 X200 Z200；	刀具快速退到换刀点
N0120	M05；	主轴停
N0130	T0101 M03 S1500；	选择精车刀；主轴正转，转速 1 500 r/min
N0140	G00 X42 Z2；	刀具快速移动到循环起点
N0150	G70 P60 Q100 F0.12；	精车外轮廓
N0160	G00 X200 Z200；	刀具快速退到换刀点
N0170	M30；	程序结束并返回

表 15-6　件 2 内轮廓加工程序

程序段号	程　　序	说　　明
	O0003；	程序名
N0010	G21 G40 G97 G99 T0200；	设置加工前准备参数
N0020	T0202 M03 S1000；	选择镗孔车刀；主轴正转，转速 1 000 r/min
N0030	G00 X15 Z2；	刀具快速移动到循环起点
N0040	G71 U1 R0.5；	内轮廓粗车复合循环
N0050	G71 P60 Q100 U-0.2 F0.15；	
N0060	G00 X28.284；	G71 循环执行开始程序段
N0070	G01 Z0；	内轮廓加工
N0080	G03 X16 Z-7.689 R15；	
N0090	G01 Z-17；	
N0100	X15；	G71 循环执行结束程序段
N0110	G00 Z200；	刀具快速退到换刀点
N0120	X200；	
N0130	M05；	主轴停
N0140	T0202 M03 S1200；	选择精镗刀；主轴正转，转速 1 200 r/min

程序段号	程　　序	说　　明
N0150	G00 X15 Z2；	刀具快速移动到循环起点
N0160	G70 P60 Q100 F0.12；	精车内轮廓
N0170	G00 X200；	刀具快速退到换刀点
N0180	Z200；	
N0190	M30；	程序结束并返回

2. 加工步骤

（1）开机，返回机床参考点；

（2）安装工件和刀具；

（3）输入加工程序，编辑修改；

（4）锁住机床，试运行程序；

（5）采用试切法对刀，输入刀补值；

（6）自动运行程序，加工工件（预留加工修正余量）；

（7）测量工件实际尺寸，修改刀补值后再加工；

（8）工件检测合格后，完成加工。

（五）任务检测与评价（表15-7）

表 15-7　球形配合件（中级）车削任务检测与评价表

姓　　名		准考证号			得　　分		
考工单位			考题名称		球形配合件（中级）		
考试时间	180 min	实际时间		自　　时　　分起至　　时　　分			
序号	考核内容及要求	配分	评分标准		检测结果	得分	
1	编程、调试熟练程度	5	程序思路清晰，可读性强，模拟调试纠错能力强				
2	操作熟练程度	5	试切对刀，建立工件坐标系操作熟练				
3	$S\phi38\pm0.08$	15	超差不得分				
4	$\phi16_{-0.024}^{-0.006}$	12	超差不得分				
5	$\phi16_{0}^{+0.027}$	12	超差不得分				
6	15 ± 0.1	10	超差不得分				
7	29 ± 0.1	10	超差不得分				
8	30 ± 0.1（配）	12	超差不得分				
9	圆球面配合	8	低于60%扣6分，低于50%不得分				
10	$Ra1.6$	11	大于$Ra1.6$，每处扣1分				
11	安全文明生产		违者酌情扣5～10分，严重者取消考试				
12	考核时间		超时5 min扣3分，超时10 min停止考试				
总　　分		100					
评分人员签字			鉴定日期				

思考与练习

根据图15-2的要求，完成锥度配合件的加工练习。

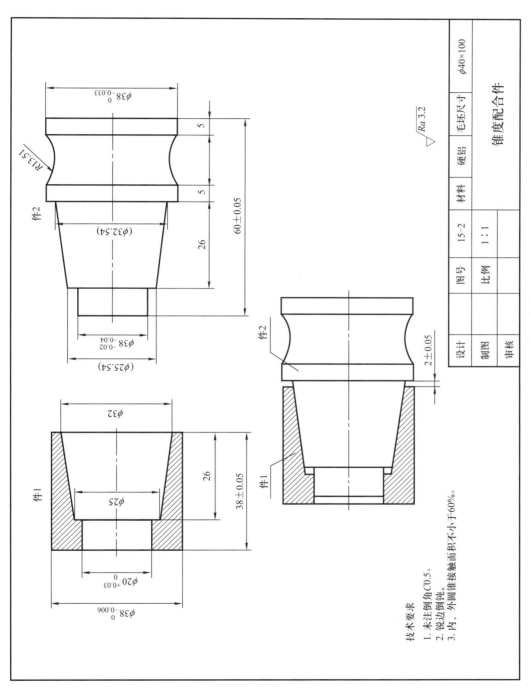

技术要求
1. 未注倒角C0.5。
2. 锐边倒钝。
3. 内、外圆锥接触面积不小于60%。

图 15-2　锥度配合件

项目十六　车削双线螺纹轴

在数控车床高级职业技能鉴定中,经常会遇到双线螺纹,本项目主要通过数控车高级综合项目的训练,使学生掌握双线螺纹零件的加工。

相关知识

该零件加工编程主要应用到以下指令(表 16-1)。

表 16-1　指令表

序号	指令	说明
1	G00 X__Z__	快速点定位指令
2	G01 X__Z__F__	直线插补指令
3	G02 X__Z__R__F__	顺时针圆弧插补指令
4	G03 X__Z__R__F__	逆时针圆弧插补指令
5	G71 U__R__ G71 P__Q__U__W__F__	内/外径粗车复合循环指令
6	G73 U__R__ G73 P__Q__U__W__F__	成型车削复合循环指令
7	G70 P__Q__F__	精加工复合循环指令
8	G75 R__ G75 X__Z__P__Q__F__	内/外径切槽复合循环指令
9	G92 X__Z__F__	螺纹车削循环指令

操作训练

(一)任务

根据图 16-1 所示的双线螺纹轴零件图要求,确定工艺方案及加工路线,进行零件加工。

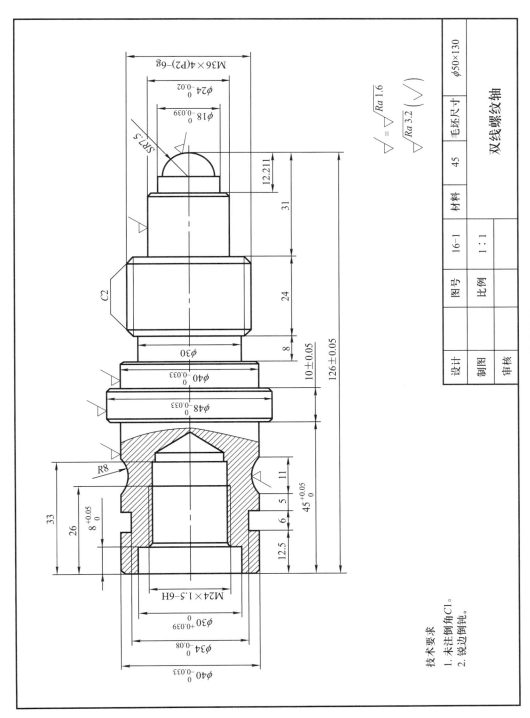

图 16-1　双线螺纹轴

技术要求
1. 未注倒角C1。
2. 锐边倒钝。

$\sqrt{} = \sqrt{Ra\,1.6}$

$\sqrt{Ra\,3.2}\,(\sqrt{\ })$

设计		图号	16-1	材料	45	毛坯尺寸	$\phi50\times130$
制图		比例	1:1				
审核						双线螺纹轴	

（二）任务分析

1. 图样分析

由图 16-1 可知,该零件材料为 45 钢,主要包括外圆柱面、内孔、内螺纹及外双线螺纹等加工面。外圆、内孔的表面粗糙度及尺寸精度要求较高,应分粗、精加工,由图可知,加工内轮廓要先用 $\phi 20$ 的麻花钻钻出底孔,再粗镗孔,留 0.2 mm 精加工余量,最后精镗孔至尺寸要求。由于毛坯料为 $\phi 50 \times 130$ mm,而工件长度为 126 mm,故需掉头二次装夹,才能完成各个表面的加工。

2. 工时定额

总工时:240 min。

（1）编程时间:20 min。

（2）操作时间:220 min。

3. 工艺分析

参见图 16-1,考虑到调头二次装夹的需要,加工该零件时一般先加工零件左端,然后调头加工零件右端。加工零件左端时,编程零点设置在零件左端面的轴心线上;加工零件右端时,编程零点设置在零件右端面的轴心线上。

4. 加工过程

（1）夹毛坯外圆,工件伸出卡盘长度不小于 60 mm;

（2）车端面;

（3）用中心钻手动打中心孔;

（4）用 $\phi 20$ 钻头手动钻底孔;

（5）换外圆车刀,粗、精车零件左端外轮廓至尺寸要求;

（6）用刀头宽为 4 mm 的切槽刀加工 $\phi 34 \times 6$ mm 槽至尺寸要求;

（7）换镗孔刀,粗、精车内轮廓至尺寸要求;

（8）换内螺纹刀,粗、精加工内螺纹至尺寸要求;

（9）调头夹 $\phi 40$ 外圆;

（10）车端面,控制总长为 126 ± 0.05;

（11）换外圆车刀,粗、精车零件右端外轮廓至尺寸要求;

（12）换外切槽刀,粗、精加工退刀槽;

（13）换外螺纹刀,粗、精车外螺纹至尺寸要求。

（三）任务准备

1. 材料

45 钢, $\phi 50 \times 130$ mm 的圆棒料。

2. 量具

本任务使用的量具见表 16-2。

表 16-2 量具

序号	名　称	规　格	单位	数量
1	游标卡尺	0～150 mm/0.02 mm	把	1
2	外径千分尺	25～50 mm/0.01 mm	把	1
3	外径千分尺	0～25 mm/0.01 mm	把	1
4	内径百分表	18～35 mm	套	1
5	螺纹塞规	M24×1.5	支	1
6	量棒	ϕ1.16	根	3
7	公法线千分尺	25～50 mm/0.01 mm	副	1

3. 刀具

本任务使用的刀具见表 16-3。

表 16-3 刀具

序号	刀具号	刀具规格名称	数量	用　途
1		中心钻 A3	1	钻中心孔
2		ϕ20 钻头	1	钻孔
3	T0101	35°外圆车刀	1	粗、精车外圆
4	T0202	ϕ12 镗孔刀	1	粗、精镗内孔
5	T0404	4 mm 切断刀	1	切断、切槽
6	T0303	外螺纹刀	1	加工 M36×4(P2)-6g 外螺纹
7	T0202	内螺纹刀	1	加工 M24×1.5 内螺纹

4. 工具

刀架扳手、卡盘扳手等。

(四) 任务实施过程

1. 编制加工程序

参考加工程序见表 16-4～表 16-9。

表 16-4 工件左端外轮廓加工程序

程序段号	程　序	说　明
	O0001;	程序名
N0010	G21 G40 G97 G99 T0100;	设置加工前准备参数
N0020	T0101 M03 S1200;	选择 35°外圆车刀;主轴正转,转速 1 200 r/min
N0030	G00 X52 Z2;	刀具快速移动到循环起点
N0040	G73 U5 R6;	外轮廓粗车复合循环
N0050	G73 P60 Q140 U0.2 F0.2;	

程序段号	程　　序	说　　明
N0060	G41 G00 X38；	G73 循环执行开始程序段；执行刀具半径左补偿
N0070	G01 Z0；	外轮廓加工
N0080	X40 Z-1；	
N0090	Z-23.5；	
N0100	G02 X40 Z-34.5 R8；	
N0110	G01 Z-45；	
N0120	X48，C1；	
N0130	Z-57；	
N0140	G40 X52；	G73 循环执行结束程序段；取消刀具半径补偿
N0150	G00 X200 Z200；	刀具快速退到换刀点
N0160	M05；	主轴停
N0170	T0101 M03 S1500；	选择精车刀；主轴正转，转速 1 500 r/min
N0180	G00 X52 Z2；	刀具快速移动到循环起点
N0190	G70 P60 Q140 F0.12；	精车外轮廓
N0200	G00 X200 Z200；	刀具快速退到换刀点
N0210	M30；	程序结束并返回

表 16-5　外槽加工程序

程序段号	程　　序	说　　明
	O0002；	程序名
N0010	G21 G40 G97 G99 T0400；	设置加工前准备参数
N0020	T0404 M03 S600；	选择切槽车刀；主轴正转，转速 600 r/min
N0030	G00 X50；	刀具快速移动到槽循环起点
N0040	Z-16.5；	
N0050	G75 R0.5；	槽车削循环
N0060	G75 X34 Z-18.5 P2000 Q2000 F0.2；	
N0070	G00 X200；	刀具快速退到换刀点
N0080	Z200；	
N0090	M30；	程序结束并返回

表 16-6　内轮廓加工程序

程序段号	程　　序	说　　明
	O0003；	程序名
N0010	G21 G40 G97 G99 T0200；	设置加工前准备参数
N0020	T0202 M03 S1000；	选择镗孔车刀；主轴正转，转速 1 000 r/min
N0030	G00 X18 Z2；	刀具快速移动到循环起点

续　表

程序段号	程　序	说　明
N0040	G71 U1 R0.5;	内轮廓粗车复合循环
N0050	G71 P60 Q130 U-0.2 F0.15;	
N0060	G00 G42 X30.6;	G71 循环执行开始程序段;执行刀具半径右补偿
N0070	G01 Z0;	内轮廓加工
N0080	X30 Z-0.3;	
N0090	Z-8;	
N0100	X25.5;	
N0110	X22.5 W-1.5;	
N0120	Z-33;	
N0130	G40 X18;	G71 循环执行结束程序段;取消刀具半径补偿
N0140	G00 Z200;	刀具快速退到换刀点
N0150	X200;	
N0160	M05;	主轴停
N0170	T0202 M03 S1200;	选择精镗刀;主轴正转,转速 1 200 r/min
N0180	G00 X18 Z2;	刀具快速移动到循环起点
N0190	G70 P60 Q130 F0.12;	精车内轮廓
N0200	G00 X200;	刀具快速退到换刀点
N0210	Z200;	
N0220	M30;	程序结束并返回

表 16-7　内螺纹加工程序

程序段号	程　序	说　明
	O0004;	程序名
N0010	G21 G40 G97 G99 T0200;	设置加工前准备参数
N0020	T0202 M03 S500;	选择 60°内螺纹刀;主轴正转,转速 500 r/min
N0030	G00 X20 Z5;	刀具快速移动到循环起点
N0040	G92 X23 Z-26 F1.5;	内螺纹车削循环
N0050	X23.5;	
N0060	X23.8;	
N0070	X23.9;	
N0080	X24.05;	
N0090	X24.05;	
N0100	G00 X200 Z200;	刀具快速退到换刀点
N0110	M30;	程序结束并返回

表 16-8　工件右端外轮廓加工程序

程序段号	程　　序	说　　明
	O0005；	程序名
N0010	G21 G40 G97 G99 T0100；	设置加工前准备参数
N0020	T0101 M03 S1200；	选择 35°外圆车刀；主轴正转,转速 1 200 r/min
N0030	G00 X52 Z2；	刀具快速移动到循环起点
N0040	G73 U25 R26；	外轮廓粗车复合循环
N0050	G73 P60 Q220 U0.2 F0.2；	
N0060	G41 G00 X-1；	G73 循环执行开始程序段;执行刀具半径左补偿
N0070	G01 Z0；	外轮廓加工
N0080	X0；	
N0090	G03 X15 Z-7.5 R7.5；	
N0100	G01 X18，C0.3；	
N0110	Z-12.211；	
N0120	X24，C1；	
N0130	Z-31；	
N0140	X36，C2；	
N0150	W-22；	
N0160	X32 Z-55；	
N0170	W-8；	
N0180	X40，C1；	
N0190	Z-71；	
N0200	X46；	
N0210	X50 W-2；	
N0220	G40 X52；	G73 循环执行结束程序段;取消刀具半径补偿
N0230	G00 X200 Z200；	刀具快速退到换刀点
N0240	M05；	主轴停
N0250	T0101 M03 S1500；	选择精车刀;主轴正转,转速 1 500 r/min
N0270	G00 X52 Z2；	刀具快速移动到循环起点
N0280	G70 P60 Q220 F0.12；	精车外轮廓
N0290	G00 X200 Z200；	刀具快速退到换刀点
N0300	M30；	程序结束并返回

表 16-9　工件右端外槽和外螺纹加工程序

程序段号	程　　序	说　　明
	O0006；	程序名
N0010	G21 G40 G97 G99 T0400；	设置加工前准备参数
N0020	T0404 M03 S600；	选择切槽车刀

续 表

程序段号	程 序	说 明
N0030	G00 X50;	刀具快速移动到槽循环起点
N0040	Z-59;	
N0050	G75 R0.5;	槽车削循环
N0060	G75 X30 Z-63 P2000 Q2000 F0.2;	
N0070	G00 X200;	刀具快速退到换刀点
N0080	Z200;	
N0090	T0303 M03 S500;	选择 60°外螺纹刀;主轴正转,转速 500 r/min
N0100	G00 X40 Z2;	刀具快速移动到第一条螺纹循环起点
N0110	G92 X35 Z-28 F4;	循环加工第一条螺纹
N0120	X34.5;	
N0130	X34;	
N0140	X33.7;	
N0150	X33.5;	
N0160	X33.4;	
N0170	X33.4;	
N0180	G00 X40 Z4;	刀具快速移动到第二条螺纹循环起点
N0190	G92 X35 Z-28 F4;	循环加工第二条螺纹
N0200	X34.5;	
N0210	X34;	
N0220	X33.7;	
N0230	X33.5;	
N0240	X33.4;	
N0250	X33.4;	
N0260	G00 X200 Z200;	刀具快速退到换刀点
N0270	M30;	程序结束并返回

2．加工步骤

（1）开机,返回机床参考点;

（2）安装工件和刀具;

（3）输入加工程序,编辑修改;

（4）锁住机床,试运行程序;

（5）采用试切法对刀,输入刀补值;

（6）自动运行程序,加工工件(预留加工修正余量);

（7）测量工件实际尺寸,修改刀补值后再加工;

（8）工件检测合格后完成加工。

（五）任务检测与评价（表 16-10）

表 16-10　双线螺纹轴车削任务检测与评价表

姓　　名		准考证号				得　　分		
考工单位				考题名称		双线螺纹轴		
考试时间	240 min	实际时间			自　　时　　分起至　　时　　分			
序号	考核内容及要求		配分	评分标准			检测结果	得分
1	编程、调试熟练程度		5	程序思路清晰,可读性强,模拟调试纠错能力强				
2	操作熟练程度		5	试切对刀,建立工件坐标系操作熟练				
3	$\phi 48_{-0.033}^{0}$		4	超差不得分				
4	$\phi 40_{-0.033}^{0}$（2 处）		4	超差不得分				
5	$\phi 34_{-0.08}^{0}$		4	超差不得分				
6	$\phi 30_{0}^{+0.039}$		4	超差不得分				
7	$\phi 18_{-0.039}^{0}$		4	超差不得分				
8	$\phi 24_{-0.02}^{0}$		4	超差不得分				
9	$8_{0}^{+0.05}$		4	超差不得分				
10	$45_{0}^{+0.05}$		4	超差不得分				
11	10 ± 0.05		4	超差不得分				
12	126 ± 0.05		6	超差不得分				
13	$M36 \times 4(P2)\text{-}6g$		10	螺纹环规检测				
14	$M24 \times 1.5\text{-}6H$		10	螺纹塞规检测				
15	$R8$		3	R 规检测				
16	$SR7.5$		3	R 规检测				
17	倒角 $C2$（2 处）		2	遗漏不得分				
18	未注倒角 $C1$（6 处）		6	遗漏不得分				
19	未注公差按 IT12 加工		4	超差不得分				
20	$Ra1.6$（7 处）		7	大于 $Ra1.6$,每处扣 1 分				
21	$Ra3.2$		3	大于 $Ra3.2$,每处扣 1 分				
22	安全文明生产			违者酌情扣 5～10 分,严重者取消考试				
23	考核时间			超时 5 min 扣 3 分,超时 10 min 停止考试				
总　　分			100					
评分人员签字				鉴定日期				

思考与练习

根据图 16-2 的要求,完成内外螺纹锥度配合件加工练习。

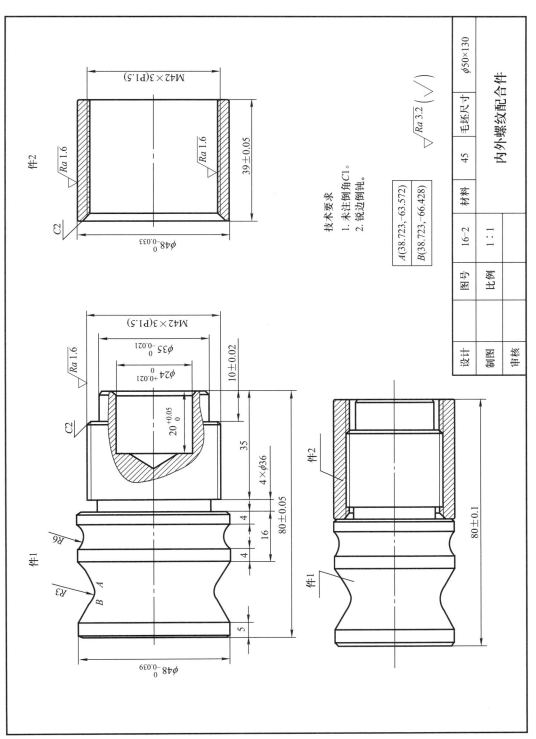

图 16-2　内外螺纹配合件

项目十七　车削球形配合件(高级技术工件)

项目简介

本项目主要通过数控车高级综合项目的训练,使学生掌握配合零件的加工,特别是配合在一起的部位如何进行加工,培养学生数控加工的综合能力。

相关知识

该配合件加工编程主要用到以下指令(表 17-1)。

表 17-1　指令表

序号	指　　　　令	说　　　　明
1	G00 X__ Z__	快速点定位指令
2	G01 X__ Z__ F__	直线插补指令
3	G03 X__ Z__ R__ F__	逆时针圆弧插补指令
4	G71 U__ R__ G71 P__ Q__ U__ W__ F__	内/外径粗车复合循环指令
5	G73 U__ R__ G73 P__ Q__ U__ W__ F__	成型车削复合循环指令
6	G70 P__ Q__ F__	精加工复合循环指令
7	G75 R__ G75 X__ Z__ P__ Q__ F__	内/外径切槽复合循环指令
8	G92 X__ Z__ F__	螺纹车削循环指令

操作训练

(一) 任务

根据图 17-1 所示的球形配合件图样的要求,确定工艺方案及加工路线,进行件 1、件 2 的加工。

(二) 任务分析

1. 图样分析

由图 17-1 可知,该零件材料为 45 钢,形状简单,结构尺寸变化不大。零件的总体结构

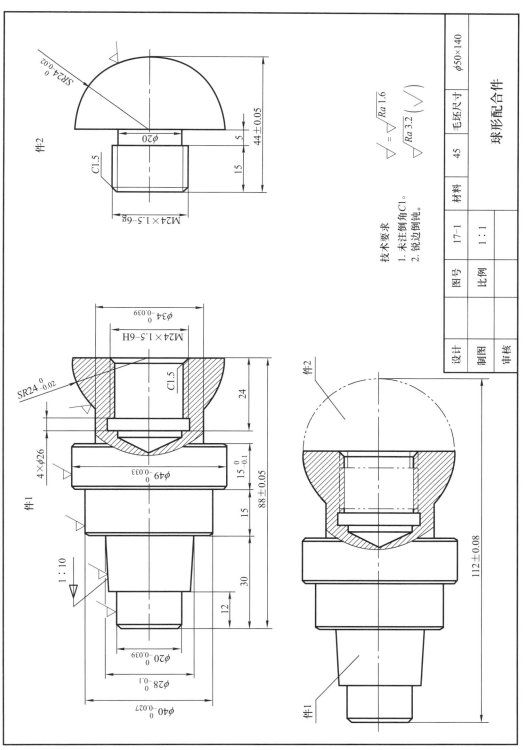

图 17-1 球形配合件(高级)

技术要求
1. 未注倒角C1。
2. 锐边倒钝。

$\sqrt{} = \sqrt{Ra\,1.6}$
$\sqrt{Ra\,3.2}\,(\sqrt{}\,)$

设计			图号	17-1	材料	45	毛球尺寸	φ50×140
制图			比例	1:1				
审核						球形配合件		

主要包括台阶面、圆弧、内螺纹、沟槽及外螺纹等。零件重要的径向加工部位有 $\phi20$、$\phi34$、$\phi40$、$\phi49$ 外圆柱表面(其精度较高、表面粗糙度值为 $Ra1.6~\mu\mathrm{m}$),$R24$ 外圆弧面,以及件 2 左端的外螺纹及件 1 内螺纹。$R24$ 外圆弧面的加工需要件 1 和件 2 配合起来进行加工。

2. 工时定额

总工时:240 min。

(1) 编程时间:20 min。

(2) 操作时间:220 min。

3. 工艺分析

加工对象为配合件,为保证 $R24$ 圆弧面的配合精度,$R24$ 圆弧部分需要件 1、件 2 配合在一起加工,因此加工该零件时一般先加工件 2 左端外轮廓,然后加工件 1,最后配合加工 $R24$ 圆弧部分。

4. 加工过程

(1) 夹毛坯外圆,工件伸出卡盘长度不小于 50 mm;

(2) 车端面;

(3) 粗、精加工件 2 左端外轮廓至尺寸要求;

(4) 用刀头宽为 4 mm 的切槽刀加工 $\phi20\times5$ mm 槽至尺寸要求;

(5) 粗、精加工外螺纹至尺寸要求;

(6) 切断;

(7) 夹毛坯外圆,工件伸出卡盘长度不小于 65 mm;

(8) 车端面;

(9) 粗、精车件 1 左端外轮廓至尺寸要求;

(10) 调头夹 $\phi40$ 外圆;

(11) 车端面、控制件 1 长度为 88 ± 0.05;

(12) 粗、精加工件 1 右端内轮廓;

(13) 粗、精加工内退刀槽;

(14) 粗、精加工内螺纹至尺寸要求;

(15) 件 1 和件 2 配合后加工 $R24$ 圆弧和 $\phi34$ 圆柱面至尺寸要求。

(三) 任务准备

1. 材料

45 钢,$\phi50\times140$ mm 棒料。

2. 量具

本任务使用的量具见表 17-2。

表 17-2　量具

序号	名　称	规　格	单位	数量
1	游标卡尺	$0\sim150$ mm/0.02 mm	把	1
2	外径千分尺	$25\sim50$ mm/0.01 mm	把	1
		$0\sim25$ mm/0.01 mm	把	1

续　表

序号	名　称	规　格	单位	数量
3	内径百分表	18～35 mm	套	1
4	螺纹塞规	M24×1.5	支	1
5	螺纹环规	M24×1.5	副	1

3. 刀具

本任务使用的刀具见表17-3。

表 17-3　刀具

序号	刀具号	刀具规格名称	数量	用　途
1		中心钻 A3	1	钻中心孔
2		ϕ20 钻头	1	钻孔
3	T0101	35°外圆车刀	1	粗、精车外圆
4	T0202	ϕ16 镗孔刀	1	粗、精镗内孔
5	T0303	内螺纹刀	1	M24×1.5 内螺纹
6	T0404	4 mm 切断刀	1	切断、切槽
7	T0202	外螺纹刀	1	M24×1.5 外螺纹
8	T0404	4 mm 内沟槽刀	1	ϕ26×4 内槽

4. 工具

刀架扳手、卡盘扳手等。

(四) 任务实施过程

1. 编制加工程序

参考加工程序见表17-4～表17-9。

表 17-4　件 2 左端外轮廓加工程序

程序段号	程　序	说　明
	O0001;	程序名
N0010	G21 G40 G97 G99 T0100;	设置加工前准备参数
N0020	T0101 M03 S1200;	选择 35°外圆车刀;主轴正转,转速 1 200 r/min
N0030	G00 X52 Z2;	刀具快速移动到循环起点
N0040	G71 U1.5 R0.5;	外轮廓粗车复合循环
N0050	G71 P60 Q100 U0.2 F0.2;	
N0060	G41 G00 X21;	G71 循环执行开始程序段;执行刀具半径左补偿

续　表

程序段号	程　　序	说　　明
N0070	G01 Z0；	外轮廓加工
N0080	X24 Z-1.5；	
N0090	Z-20；	
N0100	G40 X52；	G71 循环执行结束程序段；取消刀具半径补偿
N0110	G00 X200 Z200；	刀具快速退到换刀点
N0120	M05；	主轴停
N0130	T0101 M03 S1500；	选择精车刀；主轴正转,转速 1 500 r/min
N0140	G00 X52 Z2；	刀具快速移动到循环起点
N0150	G70 P60 Q100 F0.12；	精车外轮廓
N0160	G00 X200 Z200；	刀具快速退到换刀点
N0170	M30；	程序结束并返回

表 17-5　件 2 外槽和外螺纹加工程序

程序段号	程　　序	说　　明
	O0002；	程序名
N0010	G21 G40 G97 G99 T0400；	设置加工前准备参数
N0020	T0404 M03 S600；	选择切槽车刀；主轴正转,转速 600 r/min
N0030	G00 X50；	刀具快速移动到槽循环起点
N0040	Z-19；	
N0050	G75 R0.5；	槽车削循环
N0060	G75 X20 Z-20 P2000 Q2000 F0.2；	
N0070	G00 X200；	刀具快速退到换刀点
N0080	Z200；	
N0090	T0202 M03 S500；	选择 60°外螺纹刀；主轴正转,转速 500 r/min
N0100	G00 X30 Z5；	刀具快速移动到循环起点
N0110	G92 X23 Z-17 F1.5；	外螺纹车削循环
N0120	X22.7；	
N0130	X22.5；	
N0140	X22.1；	
N0150	X22.05；	
N0160	X22.05；	
N0170	G00 X200 Z200；	刀具快速退到换刀点
N0180	M30；	程序结束并返回

表 17-6　件 1 左端外轮廓加工程序

程序段号	程　序	说　明
	O0003；	程序名
N0010	G21 G40 G97 G99 T0100；	设置加工前准备参数
N0020	T0101 M03 S1200；	选择 35°外圆车刀；主轴正转，转速 1 200 r/min
N0030	G00 X52 Z2；	刀具快速移动到循环起点
N0040	G71 U1.5 R0.5；	外轮廓粗车复合循环
N0050	G71 P60 Q160 U0.2 F0.2；	
N0060	G41 G00 X18；	G71 循环执行开始程序段；执行刀具半径左补偿
N0070	G01 Z0；	外轮廓加工
N0080	X20 Z-1；	
N0090	Z-12；	
N0100	X26.2；	
N0110	X28 Z-30；	
N0120	X40，C1；	
N0130	W-15；	
N0140	X49，C1；	
N0150	Z-62；	
N0160	G40 X52；	G71 循环执行结束程序段；取消刀具半径补偿
N0170	G00 X200 Z200；	刀具快速退到换刀点
N0180	M05；	主轴停
N0190	T0101 M03 S1500；	选择精车刀；主轴正转，转速 1 500 r/min
N0200	G00 X52 Z2；	刀具快速移动到循环起点
N0210	G70 P60 Q160 F0.12；	精车外轮廓
N0220	G00 X200 Z200；	刀具快速退到换刀点
N0230	M30；	程序结束并返回

表 17-7　件 1 右端内轮廓加工程序

程序段号	程　序	说　明
	O0004；	程序名
N0010	G21 G40 G97 G99 T0200；	设置加工前准备参数
N0020	T0202 M03 S1000；	选择镗孔刀；主轴正转，转速 1 000 r/min
N0030	G00 X18 Z2；	刀具快速移动到循环起点

程序段号	程　　　序	说　　　明
N0040	G71 U1 R0.5；	内轮廓粗车复合循环
N0050	G71 P60 Q100 U-0.2 F0.15；	
N0060	G42 G00 X25.5；	G71 循环执行开始程序段；执行刀具半径右补偿
N0070	G01 Z0；	内轮廓加工
N0080	X22.5 Z-1.5；	
N0090	G01 Z-24；	
N0100	G40 X18；	G71 循环执行结束程序段；取消刀具半径补偿
N0110	G00 Z200；	刀具快速退到换刀点
N0120	X200；	
N0130	M05；	主轴停
N0140	T0202 M03 S1200；	选择精镗刀；主轴正转，转速 1 200 r/min
N0150	G00 X18 Z2；	刀具快速移动到循环起点
N0160	G70 P60 Q100 F0.12；	精车内轮廓
N0170	G00 Z200；	刀具快速退到换刀点
N0180	X200；	
N0190	M30；	程序结束并返回

表 17-8　件 1 内螺纹加工程序

程序段号	程　　　序	说　　　明
	O0005；	程序名
N0010	G21 G40 G97 G99 T0200；	设置加工前准备参数
N0020	T0202 M03 S500；	选择 60°内螺纹刀；主轴正转，转速 500 r/min
N0030	G00 X20 Z5；	刀具快速移动到循环起点
N0040	G92 X23 Z-22 F1.5；	内螺纹车削循环
N0050	X23.5；	
N0060	X23.8；	
N0070	X23.9；	
N0080	X24.05；	
N0090	X24.05；	
N0100	G00 X200 Z200；	刀具快速退到换刀点
N0110	M30；	程序结束并返回

表 17-9　件 1、2 右端外轮廓加工程序

程序段号	程　　序	说　　明
	O0006；	程序名
N0010	G21 G40 G97 G99 T0100；	设置加工前准备参数
N0020	T0101 M03 S1200；	选择 35°外圆车刀；主轴正转,转速 1 200 r/min
N0030	G00 X52 Z2；	刀具快速移动到循环起点
N0040	G73 U25 R26；	外轮廓粗车复合循环
N0050	G73 P60 Q130 U0.2 F0.2；	
N0060	G41 G00 X-1；	G73 循环执行开始程序段；执行刀具半径左补偿
N0070	G01 Z0；	外轮廓加工
N0080	X0；	
N0090	G03 X34 Z-40.941 R24；	
N0100	G01 Z-52；	
N0110	X47；	
N0120	X52 W-2；	
N0130	G40 X54；	G73 循环执行结束程序段；取消刀具半径补偿
N0140	G00 X200 Z200；	刀具快速退到换刀点
N0150	M05；	主轴停
N0160	T0101 M03 S1500；	选择精车刀；主轴正转,转速 1 500 r/min
N0170	G00 X52 Z2；	刀具快速移动到循环起点
N0180	G70 P60 Q130 F0.12；	精车外轮廓
N0190	G00 X200 Z200；	刀具快速退到换刀点
N0200	M30；	程序结束并返回

2.加工步骤

(1) 开机,返回机床参考点;

(2) 安装工件和刀具;

(3) 输入加工程序,编辑修改;

(4) 锁住机床,试运行程序;

(5) 采用试切法对刀,输入刀补值;

(6) 自动运行程序,加工工件(预留加工修正余量);

(7) 测量工件实际尺寸,修改刀补值后再加工;

(8) 工件检测合格后完成加工。

（五）任务检测与评价（表 17-10）

表 17-10　球形配合件（高级）车削任务检测与评价表

姓　　名		准考证号			得　　分		
考工单位			考题名称		球形配合件（高级）		
考试时间	240 min	实际时间		自　　时　　分起至　　时　　分			
序号	考核内容及要求	配分	评分标准			检测结果	得分
1	编程、调试熟练程度	5	程序思路清晰,可读性强,模拟调试纠错能力强				
2	操作熟练程度	5	试切对刀,建立工件坐标系操作熟练				
3	$\phi 20_{-0.039}^{0}$	4	超差不得分				
4	$\phi 28_{-0.1}^{0}$	4	超差不得分				
5	$\phi 40_{-0.027}^{0}$	4	超差不得分				
6	$\phi 34_{-0.039}^{0}$	4	超差不得分				
7	$\phi 49_{-0.033}^{0}$	4	超差不得分				
8	$15_{-0.1}^{0}$	4	超差不得分				
9	112 ± 0.08	6	超差不得分				
10	44 ± 0.05	6	超差不得分				
11	88 ± 0.05	6	超差不得分				
12	M24 × 1.5-6g	12	螺纹环规检测				
13	M24 × 1.5-6H	12	螺纹塞规检测				
14	$R24$	4	R 规检测				
15	倒角 $C1.5$（2 处）	2	遗漏不得分				
16	未注倒角 $C1$（4 处）	4	遗漏不得分				
17	未注公差按 IT12 加工	4	超差不得分				
18	$Ra1.6$（6 处）	6	大于 $Ra1.6$,每处扣 1 分				
19	$Ra3.2$	4	大于 $Ra3.2$,每处扣 1 分				
20	安全文明生产		违者酌情扣 5～10 分,严重者取消考试				
21	考核时间		超时 5 min 扣 3 分,超时 10 min 停止考试				
总　　分		100					
评分人员签字			鉴定日期				

思考与练习

根据图 17-2 的要求,完成球头螺纹配合件的加工练习。

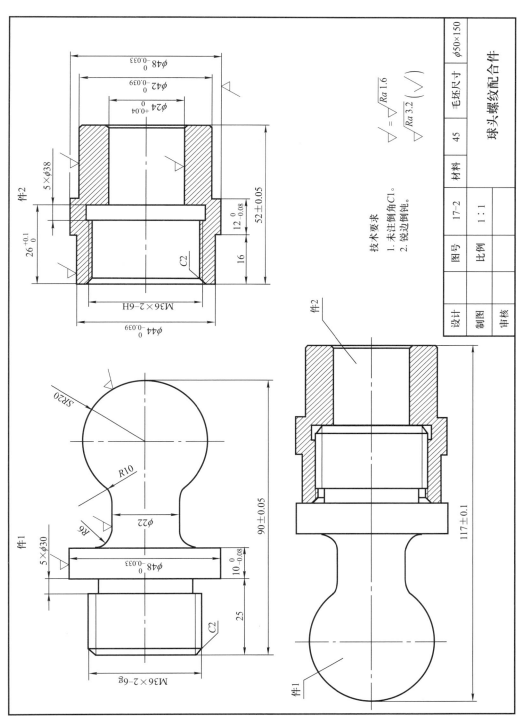

技术要求
1. 未注倒角C1。
2. 锐边倒钝。

$\nabla = \sqrt{\dfrac{Ra\,1.6}{}}$　$\sqrt{\dfrac{Ra\,3.2}{}}\,(\sqrt{\ \ })$

材料	45	毛坯尺寸	$\phi50\times150$
图号	17-2		球头螺纹配合件
比例	1:1		
设计			
制图			
审核			

件2　$5\times\phi38$　$\phi48_{-0.033}^{0}$　$\phi42_{-0.039}^{0}$　$\phi24^{+0.04}_{0}$

$26^{+0.1}_{0}$　$12^{0}_{-0.08}$　52 ± 0.05　16　C2　M36×2-6H　$\phi44^{0}_{-0.039}$

件1　SR20　R10　R6　$\phi22$　$5\times\phi30$　$\phi48^{0}_{-0.033}$　$10^{0}_{-0.08}$　25　C2　M36×2-6g　90 ± 0.05

件2　件1　117 ± 0.1

图 17-2　球头螺纹配合件

项目十八　车削梯形螺纹配合件

项目简介

本项目主要通过数控车综合项目的训练,使学生掌握梯形螺纹零件的综合加工,培养学生数控加工的综合能力。

相关知识

该配合件加工编程主要用到以下指令(表 18-1)。

表 18-1　指令表

序号	指　令	说　明
1	G00 X__Z__	快速点定位指令
2	G01 X__Z__F__	直线插补指令
3	G02 X__Z__R__F__	顺时针圆弧插补指令
4	G03 X__Z__R__F__	逆时针圆弧插补指令
5	G71 U__R__ G71 P__Q__U__W__F__	内/外径粗车复合循环指令
6	G73 U__R__ G73 P__Q__U__W__F__	成形车削复合循环指令
7	G90 X__Z__F__	内/外径车削指令
8	G70 P__Q__F__	精加工复合循环指令
9	G75 R__ G75 X__Z__P__Q__F__	内/外径切槽复合循环指令
10	G76 P__Q__R__ G76 X__Z__P__Q__F__	螺纹车削循环指令

操作训练

(一)任务

根据图 18-1 和图 18-2 所示的梯形螺纹配合件图样的要求,确定工艺方案及加工路线,进行轴类零件加工。

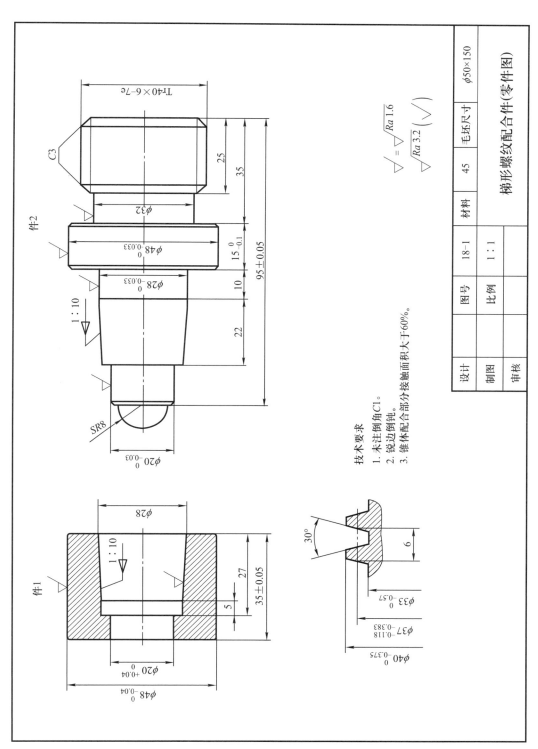

技术要求
1. 未注倒角C1。
2. 锐边倒钝。
3. 锥体配合部分接触面积大于60%。

图 18-1 梯形螺纹配合件(零件图)

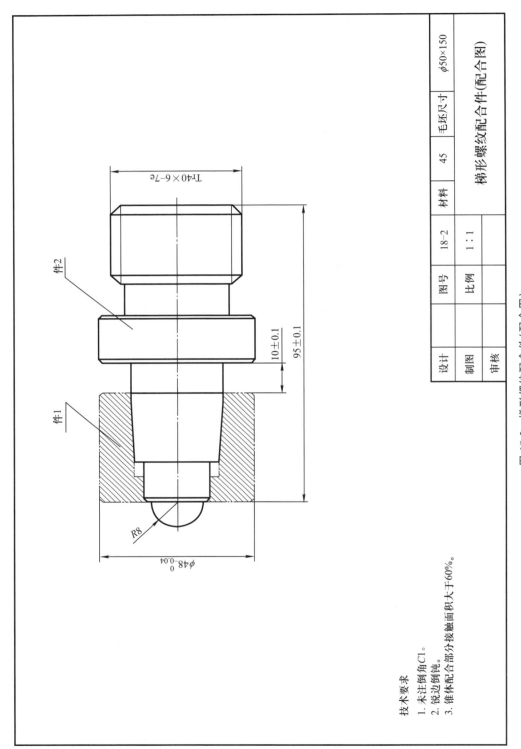

设计			图号	18-2	材料	45	毛坯尺寸	φ50×150
制图			比例	1：1			梯形螺纹配合件(配合图)	
审核								

技术要求
1. 未注倒角C1。
2. 锐边倒钝。
3. 锥体配合部分接触面积大于60%。

图 18-2　梯形螺纹配合件(配合图)

（二）任务分析

1. 图样分析

由图 18-1 可知，件 1、件 2 所用材料均为 45 钢，主要包括外圆柱面、圆弧、内孔、外梯形螺纹、内锥及倒角等加工面。外圆、内孔及内锥面的表面粗糙度及尺寸精度要求较高，应分粗、精加工，加工内轮廓要先用 $\phi 18$ 的麻花钻钻出底孔，再镗孔至尺寸。由于毛坯料为 $\phi 50 \times 150$ mm，而工件长度小于 150 mm，故需要切断，完成各个表面的加工。

2. 工时定额

总工时：240 min。

（1）编程时间：20 min。

（2）操作时间：220 min。

3. 工艺分析

加工对象为配合件，加工件 1 内孔时需要与件 2 左端试配，因此加工时一般先加工件 1 外轮廓，然后加工件 2 外轮廓，最后加工件 1 的内轮廓。考虑到工件装夹问题，加工件 2 时一般先加工右端面，然后加工左端面。

加工过程：

（1）夹毛坯外圆，工件伸出卡盘长度不小于 45 mm；

（2）用中心钻打中心孔；

（3）用 $\phi 18$ 钻头钻孔；

（4）加工端面；

（5）粗、精加工件 1 外轮廓至尺寸要求；

（6）切断；

（7）夹毛坯外圆，工件伸出卡盘长度不小于 55 mm；

（8）粗、精车件 2 右端外轮廓至尺寸要求；

（9）粗、精加工退刀槽；

（10）粗、精车外梯形螺纹；

（11）调头夹梯形螺纹外圆；

（12）保证件 2 总长至尺寸要求；

（13）粗、精加工件 2 左端外轮廓；

（14）保证件 1 总长至尺寸要求；

（15）粗、精车件 1 内轮廓至尺寸要求。

（三）任务准备

1. 材料

45 钢，$\phi 50 \times 150$ mm 的圆棒料。

2. 量具

本任务使用的量具见表 18-2。

表 18-2　量具

序号	名　称	规　格	单位	数量
1	游标卡尺	0～150 mm/0.02 mm	把	1
2	外径千分尺	25～50 mm/0.01 mm	把	1
		0～25 mm/0.01 mm	把	1
3	内径百分表	18～35 mm	套	1
4	公法线千分尺	25～50 mm/0.01 mm	副	1
5	公法线千分尺	50～75 mm/0.01 mm	副	1
6	量棒	$\phi 3.12$	根	3

3. 刀具

本任务使用的刀具见表 18-3。

表 18-3　刀具

序号	刀具号	刀具规格名称	数量	用　途
1		中心钻 A3	1	钻中心孔
2		$\phi 18$ 钻头	1	钻孔
3	T0101	35°外圆车刀	1	粗、精车外圆
4	T0202	$\phi 12$ 镗孔刀	1	粗、精镗内孔
5	T0404	4 mm 切断刀	1	切断、切槽
6	T0303	外梯形刀	1	外梯形螺纹

4. 工具

刀架扳手、卡盘扳手等。

(四)任务实施过程

1. 编制加工程序

参考加工程序见表 18-4～表 18-8。

表 18-4　件 1 外轮廓加工程序

程序段号	程　序	说　明
	O0001;	程序名
N0010	G21 G40 G97 G99 T0100;	设置加工前准备参数
N0020	T0101 M03 S1200;	选择 35°外圆车刀;主轴正转,转速 1 200 r/min
N0030	G00 X52 Z2;	刀具快速移动到循环起点

续　表

程序段号	程　　序	说　　明
N0040	G90 X48.5 Z-39 F0.2；	粗加工外轮廓
N0050	G01 X46；	精加工外轮廓
N0060	Z0；	
N0070	X48 Z-1；	
N0080	Z-39；	
N0090	X52；	
N0100	G00 X200 Z200；	刀具快速退到换刀点
N0110	M30；	程序结束并返回

表 18-5　件 2 右端外轮廓加工程序

程序段号	程　　序	说　　明
	O0002；	程序名
N0010	G21 G40 G97 G99 T0100；	设置加工前准备参数
N0020	T0101 M03 S1200；	选择 35°外圆车刀；主轴正转，转速 1 200 r/min
N0030	G00 X52 Z2；	刀具快速移动到循环起点
N0040	G73 U7 R8；	外轮廓粗车复合循环
N0050	G73 P60 Q140 U0.2 F0.2；	
N0060	G41 G00 X34；	G73 循环执行开始程序段；执行刀具半径左补偿
N0070	G01 Z0；	外轮廓加工
N0080	X40 Z-3；	
N0090	Z-22；	
N0100	X34 W-3；	
N0110	Z-35；	
N0120	X48，C1；	
N0130	Z-55；	
N0140	G40 X52；	G73 循环执行结束程序段；取消刀具半径补偿
N0150	G00 X200 Z200；	刀具快速退到换刀点
N0160	M05；	主轴停
N0170	T0101 M03 S1500；	选择精车刀；主轴正转，转速 1 500 r/min
N0180	G00 X52 Z2；	刀具快速移动到循环起点
N0190	G70 P60 Q140 F0.12；	精车外轮廓
N0200	G00 X200 Z200；	刀具快速退到换刀点
N0210	M30；	程序结束并返回

表 18-6　件 2 外槽、外梯形螺纹加工程序

程序段号	程　序	说　明
	O0003；	程序名
N0010	G21 G40 G97 G99 T0400；	设置加工前准备参数
N0020	T0404 M03 S600；	选择切槽车刀；主轴正转，转速 600 r/min
N0030	G00 X50；	刀具快速移动到槽循环起点
N0040	Z-29；	
N0050	G75 R0.5；	槽车削循环
N0060	G75 X32 Z-35 P2000 Q2000 F0.2；	
N0070	G00 X200 Z200；	刀具快速退到换刀点
N0080	T0303 M03 S500；	换外梯形螺纹刀
N0090	G00 X45 Z6；	刀具快速到循环起点
N0100	G76 P20000 Q100 R0.5；	车梯形螺纹
N0110	G76 X33 Z-32 P3500 Q500 F6；	
N0120	G00 X200 Z200；	刀具快速退到换刀点
N0130	M30；	程序结束并返回

表 18-7　件 2 左端外轮廓加工程序

程序段号	程　序	说　明
	O0004；	程序名
N0010	G21 G40 G97 G99 T0100；	设置加工前准备参数
N0020	T0101 M03 S1200；	选择 35°外圆车刀；主轴正转，转速 1 200 r/min
N0030	G00 X52 Z2；	刀具快速移动到循环起点
N0040	G71 U1.5 R0.5；	外轮廓粗车复合循环
N0050	G71 P60 Q170 U0.2 F0.2；	
N0060	G41 G00 X-1；	G71 循环执行开始程序段；执行刀具半径左补偿
N0070	G01 Z0；	外轮廓加工
N0080	X0；	
N0090	G03 X16 Z-8 R8；	
N0100	G01 X20，C1；	
N0110	Z-13；	
N0120	X25.8；	
N0130	X28 W-22；	
N0140	W-10；	
N0150	X46；	
N0160	X50 W-2；	
N0170	G40 X52；	G71 循环执行结束程序段；取消刀具半径补偿
N0180	G00 X200 Z200；	刀具快速退到换刀点

续　表

程序段号	程　　序	说　　明
N0190	M05;	主轴停
N0200	T0101 M03 S1500;	选择精车刀;主轴正转,转速 1 500 r/min
N0210	G00 X52 Z2;	刀具快速移动到循环起点
N0220	G70 P60 Q170 F0.12;	精车外轮廓
N0230	G00 X200 Z200;	刀具快速退到换刀点
N0240	M30;	程序结束并返回

表 18-8　件 1 内轮廓加工程序

程序段号	程　　序	说　　明
	O0005;	程序名
N0010	G21 G40 G97 G99 T0200;	设置加工前准备参数
N0020	T0202 M03 S1000;	选择镗刀;主轴正转,转速 1 000 r/min
N0030	G00 X17 Z2;	刀具快速移动到循环起点
N0040	G71 U1 R0.5;	内轮廓粗车复合循环
N0050	G71 P60 Q120 U-0.2 F0.15;	
N0060	G42 G00 X28;	G71 循环执行开始程序段;执行刀具半径右补偿
N0070	G01 Z0;	内轮廓加工
N0080	X25.8 Z-22;	
N0090	Z-27;	
N0100	X20, C0.5;	
N0110	Z-37;	
N0120	G40 X17;	G71 循环执行结束程序段;取消刀具半径补偿
N0130	G00 Z200;	刀具快速退到换刀点
N0140	X200;	
N0150	M05;	主轴停
N0160	T0202 M03 S1200;	选择精镗刀;主轴正转,转速 1 200 r/min
N0170	G00 X18 Z2;	刀具快速移动到循环起点
N0180	G70 P60 Q120 F0.12;	精车内轮廓
N0190	G00 Z200;	刀具快速退到换刀点
N0200	X200;	
N0210	M30;	程序结束并返回

2. 加工步骤

(1) 开机,返回机床参考点;

(2) 安装工件和刀具;

(3) 输入加工程序,编辑修改;

(4) 锁住机床,试运行程序;

(5) 采用试切法对刀,输入刀补值;

(6) 自动运行程序,加工工件(预留加工修正余量);

（7）测量工件实际尺寸，修改刀补值后再加工；

（8）工件检测合格后完成加工。

（五）任务检测与评价（表 18-9）

表 18-9　梯形螺纹配合件加工任务检测与评价表

姓　　名		准考证号			得　　分		
考工单位				考题名称		梯形螺纹配合件	
考试时间	240 min	实际时间			自　　时　　分起至　　时　　分		
序号	考核内容及要求	配分		评分标准		检测结果	得分
1	编程、调试熟练程度	5		程序思路清晰，可读性强，模拟调试纠错能力强			
2	操作熟练程度	5		试切对刀，建立工件坐标系操作熟练			
3	$\phi 20_{-0.03}^{0}$	4		超差不得分			
4	$\phi 20_{0}^{+0.04}$	4		超差不得分			
5	$\phi 28_{-0.033}^{0}$	4		超差不得分			
6	$\phi 32$	3		超差不得分			
7	$\phi 48_{-0.033}^{0}$	4		超差不得分			
8	$\phi 48_{-0.04}^{0}$	4		超差不得分			
9	梯形螺纹 $\phi 40_{-0.375}^{0}$	4		超差不得分			
10	梯形螺纹 $\phi 37_{-0.383}^{-0.118}$	4		超差不得分			
11	95 ± 0.05	4		超差不得分			
12	35 ± 0.05	4		超差不得分			
13	$15_{-0.1}^{0}$	4		超差不得分			
14	95 ± 0.1	5		超差不得分			
15	10 ± 0.1	5		超差不得分			
16	倒角 C3（2 处）	2		遗漏不得分			
17	未注倒角 C1（5 处）	5		遗漏不得分			
18	$R8$	4		R 规检测			
19	锥度配合	7		低于 60% 扣 6 分，低于 50% 不得分			
20	未注公差按 IT12 加工	8		超差不得分			
21	$Ra1.6$（6 处）	6		大于 $Ra1.6$，每处扣 1 分			
22	$Ra3.2$	5		大于 $Ra3.2$，每处扣 1 分			
23	安全文明生产			违者酌情扣 5～10 分，严重者取消考试			
24	考核时间			超时 5 min 扣 3 分，超时 10 min 停止考试			
总　　分		100					
评分人员签字			鉴定日期				

思考与练习

根据图 18-3 的要求，完成圆弧螺纹轴加工练习。

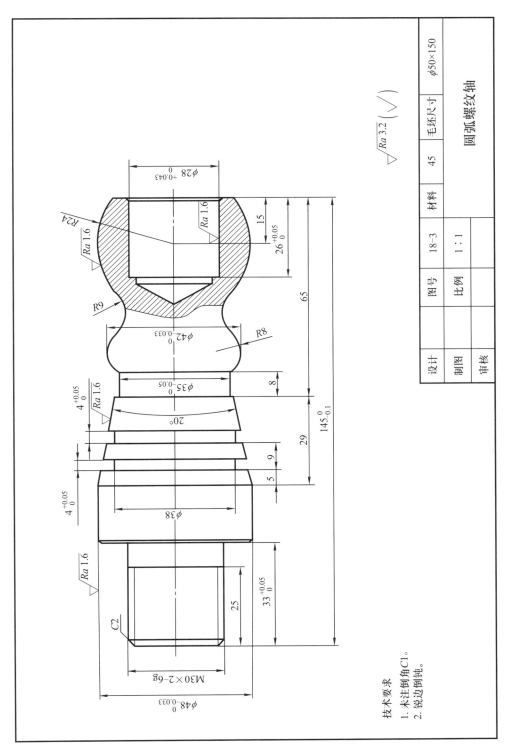

$\sqrt{Ra\,3.2}(\sqrt{\ })$

设计		图号	18-3	材料	45	毛坯尺寸	$\phi50\times150$
制图		比例	1∶1				
审核						圆弧螺纹轴	

图 18-3 圆弧螺纹轴

技术要求
1. 未注倒角C1。
2. 锐边倒钝。

项目十九　车削椭圆拉头零件

项目简介

　　本项目主要通过数控车综合项目的训练，使学生掌握配合零件的加工，能根据零件图的要求，合理编制加工程序，掌握数控车非圆曲线成形面的编程与加工的基本方法，培养学生数控加工的综合能力。

相关知识

　　该零件加工编程主要用到以下指令（表 19-1）。

表 19-1　指令表

序号	指令	说明
1	G00 X__Z__	快速点定位指令
2	G01 X__Z__F__	直线插补指令
3	G02 X__Z__R__F__	顺时针圆弧插补指令
4	G03 X__Z__R__F__	逆时针圆弧插补指令
5	G71 U__R__ G71 P__Q__U__W__F__	内/外径粗车复合循环指令
6	G73 U__R__ G73 P__Q__U__W__F__	成形车削复合循环指令
7	G90 X__Z__F__	内/外径车削指令
8	G70 P__Q__F__	精加工复合循环指令
9	G75 R__ G75 X__Z__P__Q__F__	内/外径切槽复合循环指令
10	G92 X__Z__F__	螺纹车削循环指令

操作训练

（一）任务

　　根据图 19-1 所示的椭圆拉头零件图要求，确定工艺方案及加工路线，进行轴类零件加工。

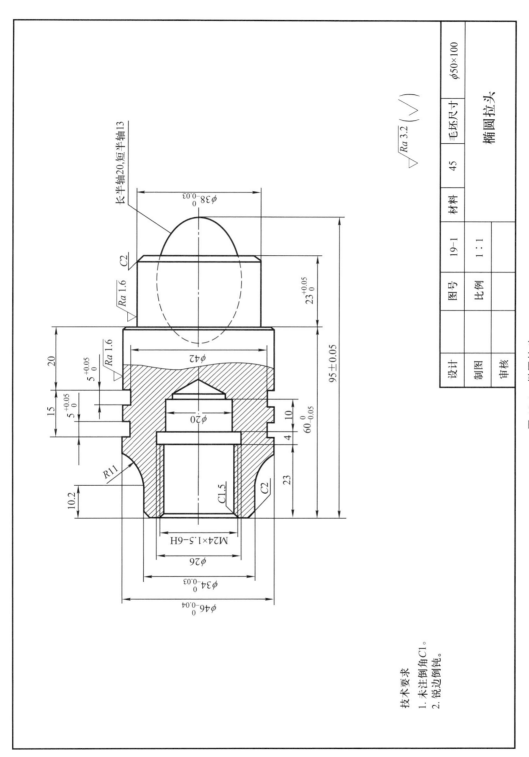

图 **19-1**　椭圆拉头

技术要求
1. 未注倒角C1。
2. 锐边倒钝。

（二）任务分析

1. 图样分析

由图 19-1 可知，该零件材料为 45 钢，无热处理和硬度要求，零件结构形状比较复杂，零件尺寸精度和几何精度的要求也较高。该零件重要的径向加工部位为 $\phi34$ 外圆、$\phi38$ 外圆、$\phi46$ 外圆，以及零件左端的槽及 M24×1.5 螺纹。轴向加工部位为槽的轴向长度 5 mm，总长 95 mm。由于毛坯料为 $\phi50×100$ mm，而工件长度为 95 mm，故需掉头二次装夹零件，完成各个表面的加工。

2. 工时定额

总工时：240 min。

（1）编程时间：20 min。

（2）操作时间：220 min。

3. 工艺分析

参见图 19-1，加工该零件时一般先加工零件左端，然后调头加工零件右端。加工零件左端时，编程零点设置在零件左端面的轴心线上；加工零件右端时，编程零点设置在零件右端面的轴心线上。

4. 加工过程

（1）夹毛坯外圆，工件伸出卡盘长度不小于 65 mm；

（2）用中心钻打中心孔；

（3）用 $\phi20$ 钻头钻孔；

（4）加工端面；

（5）粗、精加工零件左端外轮廓至尺寸要求；

（6）用刀头宽为 4 mm 的切槽刀加工 $\phi42×5$ mm 槽至尺寸要求；

（7）粗加工内孔；

（8）精加工内孔至尺寸要求；

（9）切内沟槽；

（10）粗、精加工内螺纹至尺寸要求；

（11）调头夹 $\phi46$ 外圆；

（12）车端面保证零件总长；

（13）粗加工零件右端外轮廓；

（14）精加工零件右端外轮廓至尺寸要求。

（三）任务准备

1. 材料

45 钢，$\phi50×100$ mm 的圆棒料。

2. 量具

本任务使用的量具见表 19-2。

表 19-2　量具

序号	名　称	规　格	单位	数量
1	游标卡尺	0~150 mm/0.02 mm	把	1
2	外径千分尺	25~50 mm/0.01 mm	把	1
		0~25 mm/0.01 mm	把	1
3	内径千分尺	5~25 mm/0.01 mm	把	1
4	内径百分表	18~35 mm	套	1
5	螺纹塞规	M24×1.5	支	1

3. 刀具

本任务使用的刀具见表 19-3。

表 19-3　刀具

序号	刀具号	刀具规格名称	数量	用　途
1		中心钻 A3	1	钻中心孔
2		φ20 钻头	1	钻孔
3	T0101	35°外圆车刀	1	粗、精车外圆
4	T0202	φ16 镗孔刀	1	粗、精镗内孔
5	T0303	内螺纹刀	1	M24×1.5 内螺纹
6	T0404	4 mm 切断刀	1	切断、切槽
7	T0404	4 mm 内沟槽刀	1	φ26×4 内槽

4. 工具

刀架扳手、卡盘扳手等。

（四）任务实施过程

1. 编制加工程序

参考加工程序见表 19-4~表 19-8。

表 19-4　左端外轮廓加工程序

程序段号	程　序	说　明
	O0001;	程序名
N0010	G21 G40 G97 G99 T0100;	设置加工前准备参数
N0020	T0101 M03 S1200;	选择 35°外圆车刀；主轴正转，转速 1 200 r/min
N0030	G00 X52 Z2;	刀具快速移动到循环起点
N0040	G71 U1.5 R0.5;	外轮廓粗车复合循环
N0050	G71 P60 Q120 U0.2 F0.2;	

程序段号	程　　序	说　　明
N0060	G41 G00 X30；	G71 循环执行开始程序段；执行刀具半径左补偿
N0070	G01 Z0；	
N0080	X34 Z-2；	
N0090	Z-10.2；	外轮廓加工
N0100	G02 X46 Z-20 R11；	
N0110	G01 Z-62；	
N0120	G40 X52；	G71 循环执行结束程序段；取消刀具半径补偿
N0130	G00 X200 Z200；	刀具快速退到换刀点
N0140	M05；	主轴停
N0150	T0101 M03 S1500；	选择精车刀；主轴正转，转速 1 500 r/min
N0160	G00 X52 Z2；	刀具快速移动到循环起点
N0170	G70 P60 Q120 F0.12；	精车外轮廓
N0180	G00 X200 Z200；	刀具快速退到换刀点
N0190	M30；	程序结束并返回

表 19-5　外槽加工程序

程序段号	程　　序	说　　明
	O0002；	程序名
N0010	G21 G40 G97 G99 T0400；	设置加工前准备参数
N0020	T0404 M03 S600；	选择切槽车刀；主轴正转，转速 600 r/min
N0030	G00 X50；	刀具快速移动到第一个槽循环起点
N0040	Z-29；	
N0050	G75 R0.5；	槽车削循环
N0060	G75 X42 Z-30 P2000 Q3000 F0.2；	
N0070	Z-39；	刀具快速移动到第二个槽循环起点
N0080	G75 R0.5；	槽车削循环
N0090	G75 X42 Z-40 P2000 Q3000 F0.2；	
N0100	G00 X200；	刀具快速退到换刀点
N0110	Z200；	
N0120	M30；	程序结束并返回

表 19-6　内轮廓加工程序

程序段号	程序	说明
	O0003；	程序名
N0010	G21 G40 G97 G99 T0200；	设置加工前准备参数
N0020	T0202 M03 S1000；	选择镗孔车刀；主轴正转，转速 1 000 r/min
N0030	G00 X19 Z2；	刀具快速移动到循环起点
N0040	G90 X21 Z-27 F0.2；	粗加工内轮廓
N0050	X22；	
N0060	G01 X25.5；	精加工内轮廓
N0070	Z0；	
N0080	X22.5 Z-1.5；	
N0090	Z-27；	
N0100	X19；	
N0110	G00 X200 Z200；	刀具快速退到换刀点
N0120	M30；	程序结束并返回

表 19-7　内螺纹加工程序

程序段号	程序	说明
	O0004；	程序名
N0010	G21 G40 G97 G99 T0300；	设置加工前准备参数
N0020	T0303 M03 S500；	选择 60°内螺纹刀；主轴正转，转速 500 r/min
N0030	G00 X20 Z5；	刀具快速移动到循环起点
N0040	G92 X23 Z-25 F1.5；	内螺纹车削循环
N0050	X23.5；	
N0060	X23.8；	
N0070	X23.9；	
N0080	X24.05；	
N0090	X24.05；	
N0100	G00 X200 Z200；	刀具快速退到换刀点
N0110	M30；	程序结束并返回

表 19-8　右端外轮廓加工程序

程序段号	程序	说明
	O0005；	程序名
N0010	G21 G40 G97 G99 T0100；	设置加工前准备参数
N0020	T0101 M03 S1200；	选择 35°外圆车刀；主轴正转，转速 1 200 r/min
N0030	G00 X52 Z2；	刀具快速移动到循环起点

程序段号	程　　序	说　　明
N0040	G73 U25 R26;	外轮廓粗车循环
N0050	G73 P60 Q120 U0.2 F0.2;	
N0060	G41 G00 X0;	G73 循环执行开始程序段;执行刀具半径左补偿
N0070	G01 Z0;	
N0080	♯1＝20;	♯1代表 Z 半轴
N0090	♯2＝13 * SQRT［20 * 20-♯1 * ♯1］/13;	♯2代表 X 坐标值
N0100	G01 X［2 * ♯2］Z［♯1-20］;	椭圆切削加工走刀,此句加入了椭圆中心在编程坐标系中的(X,Z)坐标值,还包括计算坐标值加上符号后的值
N0110	♯1＝♯1-0.1;	♯1(Z 坐标值)依次减小 0.1
N0120	IF［♯1 GE 8］GOTO90;	当♯1(Z 坐标值)大于等于 8 时,跳转到程序段N0090,否则往下执行
N0130	G01 X38,C2;	外圆台阶轨迹
N0140	Z-35;	
N0150	X48 W-2;	
N0160	G40 X52;	G73 循环执行结束程序段;取消刀具半径补偿
N0170	G00 X200 Z200;	刀具快速退到换刀点
N0180	M05;	主轴停
N0190	T0101 M03 S1500;	选择精车刀;主轴正转,转速 1 500 r/min
N0200	G00 X52 Z2;	刀具快速移动到循环起点
N0210	G70 P60 Q120 F0.12;	精车外轮廓
N0220	G00 X200 Z200;	刀具快速退到换刀点
N0230	M30;	程序结束并返回

2. 加工步骤

(1) 开机,返回机床参考点;

(2) 安装工件和刀具;

(3) 输入加工程序,编辑修改;

(4) 锁住机床,试运行程序;

(5) 采用试切法对刀,输入刀补值;

(6) 自动运行程序,加工工件(预留加工修正余量);

(7) 测量工件实际尺寸,修改刀补值后再加工;

(8) 工件检测合格后完成加工。

（五）任务检测与评价（表 19-9）

表 19-9　椭圆拉头、车削任务检测与评价表

姓　　名		准考证号			得　　分		
考工单位			考题名称		椭圆拉头		
考试时间	240 min	实际时间		自　　时　　分起至　　时　　分			
序号	考核内容及要求	配分	评分标准			检测结果	得分
1	编程、调试熟练程度	5	程序思路清晰,可读性强,模拟调试纠错能力强				
2	操作熟练程度	5	试切对刀、建立工件坐标系操作熟练				
3	$\phi 46_{-0.04}^{0}$	6	超差不得分				
4	$\phi 34_{-0.03}^{0}$	6	超差不得分				
5	$\phi 38_{-0.03}^{0}$	6	超差不得分				
6	$60_{-0.05}^{0}$	6	超差不得分				
7	$23_{0}^{+0.05}$	5	超差不得分				
8	95 ± 0.05	8	超差不得分				
9	$5_{0}^{+0.05}$(2 处)	8	超差不得分				
10	M24×1.5-6H	12	螺纹塞规检测				
11	倒角 $C2$(2 处)	2	遗漏不得分				
12	倒角 $C1.5$	1	遗漏不得分				
13	未注倒角 $C1$	1	遗漏不得分				
14	$R11$	4	R 规检测				
15	椭圆轮廓	9	椭圆样板检测				
16	未注公差按 IT12 加工	8	超差不得分				
17	$Ra1.6$(2 处)	3	大于 $Ra1.6$,每处扣 1.5 分				
18	$Ra3.2$	5	大于 $Ra3.2$,每处扣 1 分				
19	安全文明生产		违者酌情扣 5~10 分,严重者取消考试				
20	考核时间		超时 5 min 扣 3 分,超时 10 min 停止考试				
总　　分		100					
评分人员签字			鉴定日期				

思考与练习

根据图 19-2 的要求,完成椭圆螺纹轴的加工练习。

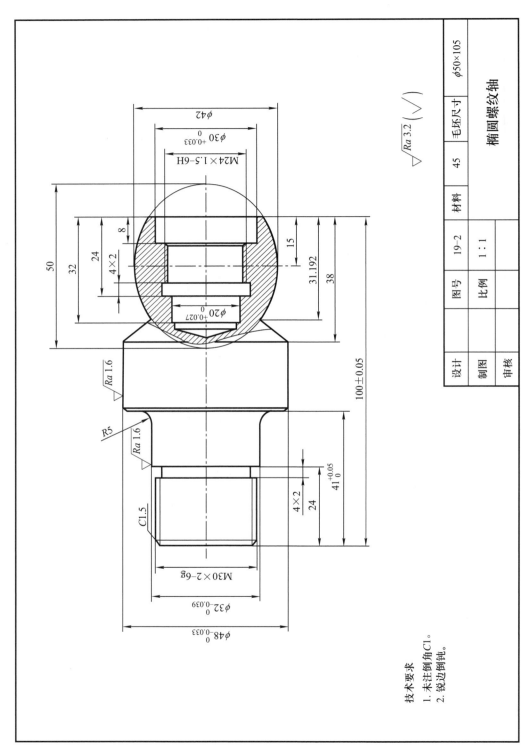

图 19-2 椭圆螺纹轴

项目二十　车削锥度椭圆配合件

项目简介

本项目主要通过数控车高级综合项目的训练,使学生掌握椭圆配合零件的加工,能根据零件图的要求,合理编制加工程序,掌握数控车非圆曲线成形面的编程与加工的基本方法,培养学生对数控加工的综合能力。

相关知识

该配合件加工编程主要用到以下指令(表 20-1)。

表 20-1　指令表

序号	指　　令	说　　明
1	G00 X__ Z__	快速点定位指令
2	G01 X__ Z__ F__	直线插补指令
3	G02 X__ Z__ R__ F__	顺时针圆弧插补指令
4	G03 X__ Z__ R__ F__	逆时针圆弧插补指令
5	G71 U__ R__ G71 P__ Q__ U__ W__ F__	内/外径粗车复合循环指令
6	G73 U__ R__ G73 P__ Q__ U__ W__ F__	成形车削复合循环指令
7	G90 X__ Z__ F__	内/外径车削指令
8	G70 P__ Q__ F__	精加工复合循环指令
9	G75 R__ G75 X__ Z__ P__ Q__ F__	内/外径切槽复合循环指令
10	G92 X__ Z__ F__	螺纹车削循环指令

操作训练

(一)任务

根据图 20-1、图 20-2 所示的图样要求,确定工艺方案及加工路线,进行配合件加工。

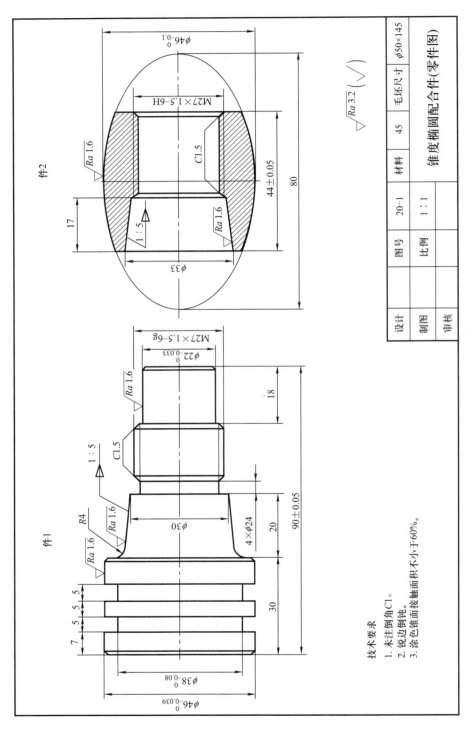

技术要求
1. 未注倒角C1。
2. 锐边倒钝。
3. 涂色锥面接触面积不小于60%。

图 20-1   锥度椭圆配合件（零件图）

设计		图号	20-1	材料	45	毛坯尺寸	φ50×145
制图		比例	1：1				
审核				锥度椭圆配合件（零件图）			

$\sqrt{Ra\,3.2}$ ($\sqrt{}$)

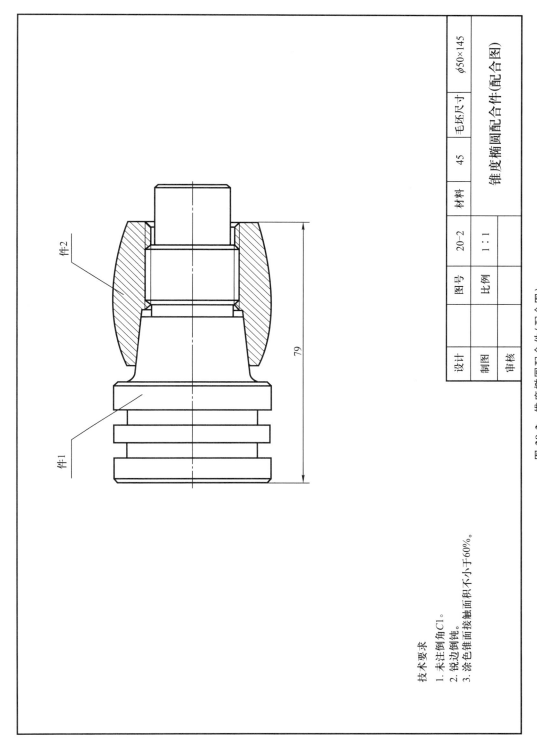

件2

件1

79

技术要求
1. 未注倒角C1。
2. 锐边倒钝。
3. 涂色锥面接触面积不小于60%。

设计		图号	20-2	材料	45	毛坯尺寸	$\phi50\times145$
制图		比例	1：1	锥度椭圆配合件(配合图)			
审核							

图 20-2　锥度椭圆配合件（配合图）

（二）任务分析

1. 图样分析

由图 20-1 可知，件 1、件 2 所用材料均为 45 钢，无热处理和硬度要求，主要包括外圆柱面、椭圆面、内螺纹、外螺纹、内孔、内锥及倒角等加工面。外圆、内孔及内锥面的表面粗糙度及尺寸精度要求较高，应分粗、精加工，由图可知，加工内轮廓要先用 $\phi20$ 的麻花钻钻出底孔，再镗孔至要求尺寸。件 2 的椭圆面加工需要把件 2 配合在件 1 上进行加工。

2. 工时定额

总工时：240 min。

（1）编程时间：20 min。

（2）操作时间：220 min。

3. 工艺分析

加工对象为配合件，椭圆部分需要配合在一起加工，因此加工该零件时一般先加工件 2 内轮廓，然后加工件 1，最后配合加工件 2 的外轮廓。配合加工件 2 外轮廓时，编程零点设置在件 2 右端面的轴心线上。

4. 加工过程：

（1）夹毛坯外圆，工件伸出卡盘长度不小于 50 mm；

（2）用中心钻手动打中心孔；

（3）用 $\phi20$ 钻头钻孔；

（4）加工端面；

（5）粗、精加工件 2 内轮廓至尺寸要求；

（6）粗、精加工内螺纹至尺寸要求；

（7）切断，保证件 2 长度为 44 ± 0.05；

（8）夹毛坯外圆，工件伸出卡盘长度不小于 35 mm；

（9）换外圆车刀，粗、精车件 1 左端面外轮廓至尺寸要求；

（10）粗、精加工两个 $\phi38\times5$ mm 的槽；

（11）调头夹 $\phi46$ 外圆；

（12）车端面保证件 1 总长 90 ± 0.05；

（13）粗、精加工零件右端外轮廓至尺寸要求；

（14）粗、精加工外螺纹至尺寸要求；

（15）换外圆车刀，粗、精加工件 2 外轮廓至尺寸要求。

（三）任务准备

1. 材料

45 钢，$\phi50\times145$ mm 的圆棒料。

2. 量具

本任务使用的量具见表 20-2。

表 20-2　量具

序号	名　称	规　格	单位	数量
1	游标卡尺	0～150 mm/0.02 mm	把	1
2	外径千分尺	25～50 mm/0.01 mm	把	1
		0～25 mm/0.01 mm	把	1
3	内径百分表	18～35 mm	套	1
4	螺纹塞规	M27×1.5	支	1
5	螺纹环规	M27×1.5	副	1

3. 刀具

本任务使用的刀具见表 20-3。

表 20-3　刀具

序号	刀具号	刀具规格名称	数量	用　途
1		中心钻 A3	1	钻中心孔
2		ϕ20 钻头	1	钻孔
3	T0101	35°外圆车刀	1	粗、精车外圆
4	T0202	ϕ16 镗孔刀	1	粗、精镗内孔
5	T0404	内螺纹刀	1	M27×1.5 内螺纹
6	T0404	4 mm 切断刀	1	切断、切槽
7	T0202	外螺纹刀	1	M27×1.5 外螺纹
8	T0404	4 mm 内沟槽刀	1	ϕ26×4 内槽

4. 工具

刀架扳手、卡盘扳手等。

（四）任务实施过程

1. 编制加工程序

参考加工程序见表 20-4～表 20-10。

表 20-4　件 2 内轮廓加工程序

程序段号	程　序	说　明
	O0001;	程序名
N0010	G21 G40 G97 G99 T0200;	设置加工前准备参数
N0020	T0202 M03 S1000;	选择镗孔刀；主轴正转，转速 1 000 r/min
N0030	G00 X19 Z2;	刀具快速移动到循环起点
N0040	G71 U1 R0.5;	内轮廓粗车循环
N0050	G71 P60 Q110 U-0.2 F0.15;	

续　表

程序段号	程　　序	说　　明
N0060	G42 G00 X33；	G71 循环执行开始程序段；执行刀具半径右补偿
N0070	G01 Z0；	内轮廓加工
N0080	X29.6 Z-17；	
N0090	X25.5，C1.5；	
N0100	Z-48；	
N0110	G40 X19；	G71 循环执行结束程序段；取消刀具半径补偿
N0120	G00 Z200；	刀具快速退到换刀点
N0130	X200；	
N0140	M05；	主轴停
N0150	T0202 M03 S1200；	选择精镗刀；主轴正转，转速 1 200 r/min
N0160	G00 X20 Z2；	刀具快速移动到循环起点
N0170	G70 P60 Q110 F0.12；	精车内轮廓
N0180	G00 Z200；	刀具快速退到换刀点
N0190	X200；	
N0200	M30；	程序结束并返回

表 20-5　件 2 内螺纹加工程序

程序段号	程　　序	说　　明
	O0002；	程序名
N0010	G21 G40 G97 G99 T0200；	设置加工前准备参数
N0020	T0202 M03 S500；	选择 60°内螺纹刀；主轴正转，转速 500 r/min
N0030	G00 X20 Z5；	刀具快速移动到循环起点
N0040	G92 X26 Z-46 F1.5；	内螺纹车削循环
N0050	X26.5；	
N0060	X26.8；	
N0070	X26.9；	
N0080	X27.05；	
N0090	X27.05；	
N0100	G00 X200 Z200；	刀具快速退到换刀点
N0110	M30；	程序结束并返回

表 20-6 件 1 左端外轮廓加工程序

程序段号	程 序	说 明
	O0003；	程序名
N0010	G21 G40 G97 G99 T0100；	设置加工前准备参数
N0020	T0101 M03 S1200；	选择 35°外圆车刀；主轴正转，转速 1 200 r/min
N0030	G00 X52 Z2；	刀具快速移动到循环起点
N0040	G90 X46.5 Z-32 F0.2；	粗加工外轮廓
N0050	G01 X44；	精加工外轮廓
N0060	Z0；	
N0070	X46 Z-1；	
N0080	Z-32；	
N0090	X52；	
N0100	G00 X200 Z200；	刀具快速退到换刀点
N0110	M30；	程序结束并返回

表 20-7 件 1 左端外槽加工程序

程序段号	程 序	说 明
	O0004；	程序名
N0010	G21 G40 G97 G99 T0400；	设置加工前准备参数
N0020	T0404 M03 S600；	选择切槽车刀；主轴正转，转速 600 r/min
N0030	G00 X50；	刀具快速移动到第一个槽循环起点
N0040	Z-11；	
N0050	G75 R0.5；	槽车削循环
N0060	G75 X38 Z-12 P2000 Q3000 F0.2；	
N0070	Z-21；	刀具快速移动到第二个槽循环起点
N0080	G75 R0.5；	槽车削循环
N0090	G75 X38 Z-22 P2000 Q3000 F0.2；	
N0100	G00 X200；	刀具快速退到换刀点
N0110	Z200；	
N0120	M30；	程序结束并返回

表 20-8 件 1 右端外轮廓加工程序

程序段号	程 序	说 明
	O0005；	程序名
N0010	G21 G40 G97 G99 T0100；	设置加工前准备参数
N0020	T0101 M03 S1200；	选择 35°外圆车刀；主轴正转，转速 1 200 r/min
N0030	G00 X52 Z2；	刀具快速移动到循环起点
N0040	G73 U14 R14；	外轮廓粗车循环
N0050	G73 P60 Q190 U0.2 F0.2；	

程序段号	程　　序	说　　明
N0060	G41 G00 X20；	G73 循环执行开始程序段；执行刀具半径左补偿
N0070	G01 Z0；	外轮廓加工
N0080	X22 Z-1；	
N0090	Z-18；	
N0100	X27，C1.5；	
N0110	Z-34.5；	
N0120	X24 W-1.5；	
N0130	Z-40；	
N0140	X30；	
N0150	X33.2 W-16；	
N0160	G02 X41.2 Z-60 R4；	
N0170	G01 X44；	
N0180	X48 W-2；	
N0190	G40 X52；	G73 循环执行结束程序段；取消刀具半径补偿
N0200	G00 X200 Z200；	刀具快速退到换刀点
N0210	M05；	主轴停
N0220	T0101 M03 S1500；	设置加工前准备参数
N0230	G00 X52 Z2；	刀具快速移动到循环起点
N0240	G70 P60 Q190 F0.12；	精车外轮廓
N0250	G00 X200 Z200；	刀具快速退到换刀点
N0260	M30；	程序结束并返回

表 20-9　件 1 右端外螺纹加工程序

程序段号	程　　序	说　　明
	O0006；	程序名
N0010	G21 G40 G97 G99 T0200；	设置加工前准备参数
N0020	T0202 M03 S500；	选择 60°外螺纹刀；主轴正转，转速 500 r/min
N0030	G00 X30 Z5；	刀具快速移动到循环起点
N0040	G92 X26 Z-20 F1.5；	外螺纹车削循环
N0050	X25.5；	
N0060	X25.3；	
N0070	X25.1；	
N0080	X25.05；	
N0090	X25.05；	
N0100	G00 X200 Z200；	刀具快速退到换刀点
N0110	M30；	程序结束并返回

表 20-10　件 2 外轮廓加工程序

程序段号	程　　序	说　　明
	O0007;	程序名
N0010	G21 G40 G97 G99 T0100;	设置加工前准备参数
N0020	T0101 M03 S1200;	选择 35° 外圆车刀;主轴正转,转速 1 200 r/min
N0030	G00 X52 Z2;	刀具快速移动到循环起点
N0040	G73 U5 R6;	外轮廓粗车循环
N0050	G73 P60 Q130 U0.2 F0.2;	
N0060	G41 G00 X38.36;	G73 循环执行开始程序段;执行刀具半径左补偿
N0070	G01 Z0;	
N0080	#1=40;	#1 代表 Z 半轴
N0090	#2=23 * SQRT[40 * 40-#1 * #1]/23;	#2 代表 X 坐标值
N0100	G01 X[2 * #2] Z[#1-22];	椭圆切削加工走刀,此句加入了椭圆中心在编程坐标系中的(X,Z)坐标值,还包括计算坐标值加上符号后的值
N0110	#1=#1-0.1;	#1(Z 坐标值)依次减小 0.1
N0120	IF [#1 GE-23] GOTO90;	当 #1(Z 坐标值)大于等于负 23 时,跳转到程序段 N0090,否则往下执行
N0130	G40 X52;	G73 循环执行结束程序段;取消刀具半径补偿
N0140	G00 X200 Z200;	刀具快速退到换刀点
N0150	M05;	主轴停
N0160	T0101 M03 S1500;	选择精车刀;主轴正转,转速 1 500 r/min
N0170	G00 X52 Z2;	刀具快速移动到循环起点
N0180	G70 P60 Q130 F0.12;	精车外轮廓
N0190	G00 X200 Z200;	刀具快速退到换刀点
N0200	M30;	程序结束并返回

2. 加工步骤

(1) 开机,返回机床参考点;

(2) 安装工件和刀具;

(3) 输入加工程序,编辑修改;

(4) 锁住机床,试运行程序;

(5) 采用试切法对刀,输入刀补值;

(6) 自动运行程序,加工工件(预留加工修正余量);

(7) 测量工件实际尺寸,修改刀补值后再加工;

（8）工件检测合格后完成加工。

（五）任务检测与评价（表 20-11）

表 20-11 锥度椭圆配合件车削任务检测与评价表

姓　　名		准考证号				得　　分		
考工单位			考题名称			锥度椭圆配合件		
考试时间	240 min	实际时间			自　　时　　分起至　　时　　分			
序号	考核内容及要求		配分	评分标准			检测结果	得分
1	编程、调试熟练程度		5	程序思路清晰,可读性强,模拟调试纠错能力强				
2	操作熟练程度		5	试切对刀,建立工件坐标系操作熟练				
3	$\phi 22_{-0.033}^{0}$		4	超差不得分				
4	$\phi 38_{-0.08}^{0}$		4	超差不得分				
5	$\phi 46_{-0.039}^{0}$		4	超差不得分				
6	$\phi 46_{-0.1}^{0}$		4	超差不得分				
7	5(3 处)		6	超差不得分				
8	44±0.05		4	超差不得分				
9	90±0.05		4	超差不得分				
10	M27×1.5-6g		10	螺纹环规检测				
11	M27×1.5-6H		10	螺纹塞规检测				
12	$R4$		3	R 规检测				
13	椭圆轮廓		12	椭圆样板检测				
14	倒角 C1.5(4 处)		2	遗漏不得分				
15	锥度配合		8	低于 60%扣 6 分;低于 50%不得分				
16	未注倒角 C1(3 处)		3	遗漏不得分				
17	未注公差按 IT12 加工		4	超差不得分				
18	$Ra1.6$(5 处)		5	大于 $Ra1.6$,每处扣 1 分				
19	$Ra3.2$		3	大于 $Ra3.2$,每处扣 1 分				
20	安全文明生产			违者酌情扣 5~10 分,严重者取消考试				
21	考核时间			超时 5 min 扣 3 分,超时 10 min 停止考试				
总　　分			100					
评分人员签字				鉴定日期				

思考与练习

根据图 20-3、图 20-4 的要求,完成凹椭圆配合件的加工练习。

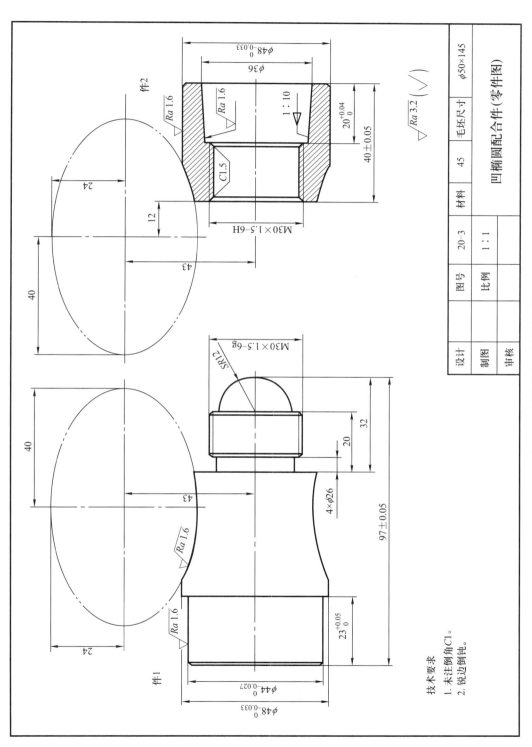

技术要求
1. 未注倒角C1。
2. 锐边倒钝。

图 20-3　凹椭圆配合件（零件图）

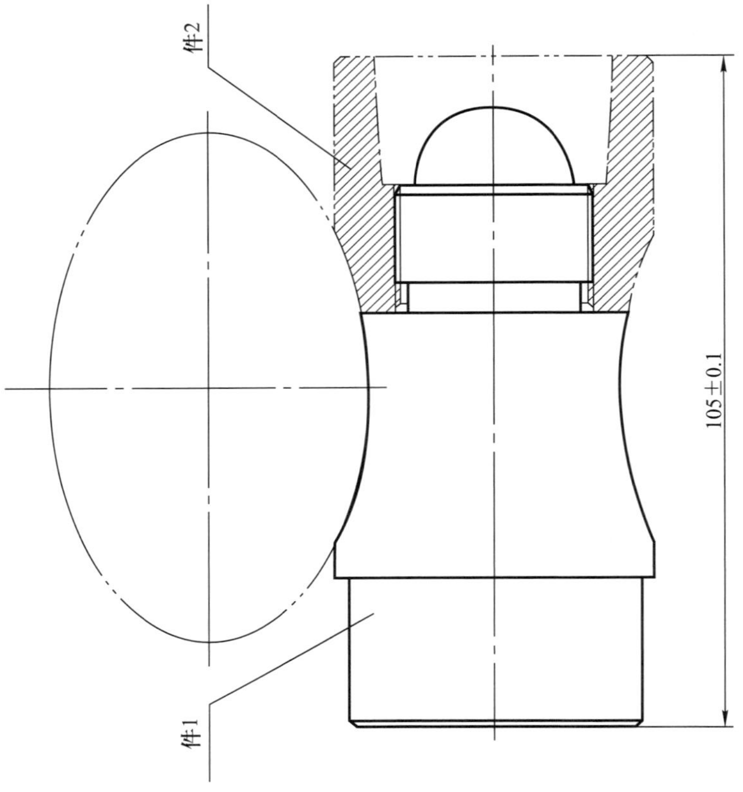

图 20-4 凹椭圆配合件(配合图)

设计		图号	20-4	材料	45	毛坯尺寸	$\phi 50 \times 145$
制图		比例	1:1			凹椭圆配合件(配合图)	
审核							

参 考 文 献

[1] 刘蔡保.数控车床编程100例[M].北京:化学工业出版社,2024.

[2] 潘克江,孙潘罡.模具零件数控车削加工及技能训练[M].北京:机械工业出版社,2022.